INVENTAIRE
V 36.285

AF383796

# TABLE
## DE
# LOGARITHMES ACOUSTIQUES

### DEPUIS 1 JUSQU'À 1200

#### PRÉCÉDÉE D'UNE

## INSTRUCTION ÉLÉMENTAIRE,

LILLE,

IMPRIMERIE DE L. DANEL,

1857.

# TABLE

DE

## LOGARITHMES ACOUSTIQUES,

DEPUIS 1 JUSQU'A 1200,

PRÉCÉDÉE D'UNE

## INSTRUCTION ÉLÉMENTAIRE,

Par M. DELEZENNE.

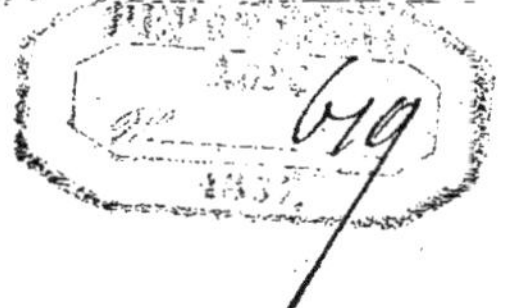

LILLE,

IMPRIMERIE DE L. DANEL.

1857.

36285

C.

# TABLE

DE

# LOGARITHMES ACOUSTIQUES,

DEPUIS 1 JUSQU'A 1200,

PRÉCÉDÉE D'UNE

# INSTRUCTION ÉLÉMENTAIRE,

Par M. DELEZENNE.

L'acoustique musicale est en possession de divers instruments délicats propres à déterminer avec exactitude le nombre d'oscillations exécutées, en un temps donné, par un corps sonore produisant un son appréciable. Qu'on fasse sonner le diapason d'acier dont tous les musiciens font usage, les deux branches s'écarteront et se rapprocheront alternativement l'une de l'autre. Chaque mouvement d'écart ou de rapprochement sera une *oscillation;* les deux mouvements successifs constitueront ensemble une *vibration*. Le nombre des oscillations est double du nombre des vibrations. Dans les instruments à vent, comme l'orgue, le cor, la flûte...., c'est l'air contenu dans le tuyau qui est le corps sonore mis directement en vibration par le soufle. Dans les autres instruments comme le violon, la harpe, le piano.... c'est la corde qui est le corps sonore mis en vibration par le frottement de l'archet, le pincement des doigts, le choc du marteau... Il faut au moins une vibration, ou deux oscillations pour qu'un son se produise. Dans tous les cas, les vibrations du corps élastique se communiquent à l'air extérieur, elles y engendrent des ondes sonores qui se propagent au loin avec la vitesse de 340 mètres par seconde; elles arrivent ainsi à l'organe de l'ouïe qu'elles ébranlent et font naître la sensation du son.

Avec la *sirène* de M. Cagniard de La Tour, décrite dans tous les traités de physique, on trouve que le diapason usité en Allemagne fait 880 oscillations, ou 440 vibrations, par seconde (*a*). L'erreur possible sur la moyenne d'un grand nombre d'observations n'atteint pas une oscillation. On arrive au même résultat avec la roue dentée de Savart, décrite aussi dans les traités de physique. Quand on fait usage des *fourchettes* de Scheibler, l'erreur est au-dessous d'un dixième d'oscillation sur plus de neuf cents, c'est-à-dire d'une oscillation entière sur plus de 9000 (*b*).

Quand on a un diapason dont le nombre des oscillations par seconde est exactement déterminé, on peut s'en servir pour trouver le nombre d'oscillations par seconde, correspondant à un son quelconque. A cet effet, on emploie un sonomètre soigneusement divisé et organisé comme celui que j'ai décrit (*c*). Le procédé à suivre repose sur un principe que je vais développer avec les détails que réclame son importance.

Les géomètres ont démontré que les nombres d'oscillations *synchroniques* (qui s'exécutent dans le même intervalle de temps) de deux parties inégales d'une même corde tendue, sont inversement propor-

---

(*a*) Note *sur le ton des orchestres*, dans les Mémoires de la Société des Sciences de Lille, pour 1854.

(*b*) Voyez : *Mémoire sur la théorie des battements*, par M. Vincent, membre de l'Institut. Annales de chimie et de physique, 3.ᵉ série, T. XXVI.

Voyez aussi : *Mémoire explicatif de l'invention de Scheibler*, par M. Lecomte, dans les Mémoires de la Société de Lille, pour 1855.

(*c*) *Sur la formule de la corde vibrante*. Mémoires de la Société de Lille, pour 1850.

tionnels aux longueurs ; mais pour que cela soit réalisé, il faut, comme je l'ai prouvé (a) que la corde de cuivre pur soit extrêmement mince, qu'elle ait tout au plus 12 à 18 centièmes de millimètre d'épaisseur. On doit refuser toute confiance aux expériences faites, comme ordinairement, avec des cordes beaucoup plus grosses et souvent aussi avec des instruments et accessoires grossiers et mal divisés. Sous la corde suffisamment tendue on introduit un chevalet mobile qu'on déplace peu à peu jusqu'à ce que la corde en vibrant fasse entendre un son identique avec celui du diapason faisant, par exemple, 880 oscillations par seconde ; et puisque la portion de la corde comprise entre le sillet et le chevalet vibre à l'unisson du diapason, elle exécute comme lui 880 oscillations par seconde. Soit 332 millimètres la distance trouvée depuis le sillet de droite jusqu'à l'arête du chevalet. A une distance convenable du sillet de gauche on cherche la place d'un second chevalet pour que la corde, comprise entre lui et le sillet, vibre à l'unisson parfait du son dont on cherche le nombre synchronique d'oscillations. Soit 415 millimètres la longueur de cette portion de la corde. On fait alors la proportion inverse :

$$\frac{1}{332} \; : \; \frac{1}{415} \; :: \; 880 \; : \; x = 704.$$

Ainsi, le deuxième son est rigoureusement caractérisé et défini, par les 704 oscillations qu'il exécute dans chaque seconde de temps.

On opère de la même manière pour caractériser tout autre son.

Si l'on chante *ut* à l'unisson de la corde de 415 millimètres, on remarque, pour l'exemple ci-dessus choisi à dessein, que la corde de 332 millimètres fait entendre, *en toute rigueur*, la médiante au-dessus de cet *ut*, c'est-à-dire la tierce majeure, le *mi* de la gamme majeure ayant cet *ut* pour tonique.

---

(a) *Sur la formule de la corde vibrante.* Mémoires de la Société de Lille, pour 1850.

Puisque l'*ut* fait 704 oscillations pendant que le *mi* en fait 880, il est clair que l'*ut* fera la moitié, le tiers, le quart.... de 704 oscillations pendant que le *mi* fera la moitié, le tiers, le quart.... de 880 oscillations ; c'est-à-dire que le *rapport* synchronique entre les nombres d'oscillations de deux sons ne change pas soit qu'on multiplie, soit qu'on divise par un même nombre les deux termes de ce rapport. Ainsi, pendant que l'*ut* fait 704 oscillations, le *mi* en fait 880 ; et si l'on divise ces deux nombres par leur plus grand commun diviseur 176, on trouve que l'*ut* fait 4 oscillations pendant que sa tierce majeure ou le *mi* en fait 5, et qu'enfin l'*ut* fait une oscillation pendant que le *mi* en fait $\frac{5}{4}$ ou 1 $^1/_4$.

Dans les calculs d'acoustique musicale il est d'usage de représenter ainsi par l'unité le plus grave des deux sons que l'on compare, et conséquemment de représenter le son aigu par une expression fractionnaire ayant pour numérateur le nombre d'oscillations du son le plus aigu et pour dénominateur le nombre synchronique d'oscillations du son le plus grave. Ainsi, quand on dit que $\frac{5}{4}$ représente le *mi*, on sous-entend que 1 représente l'*ut*.

Des expériences précises (*a*) ont prouvé que dans la gamme majeure d'*ut* ou de 1,

|  |  |  |
|---|---|---|
| le *ré* est représenté par | $\frac{10}{9}$ | ou 1 $^1/_9$ |
| *mi* | $\frac{5}{4}$ | 1 $^1/_4$ |
| *fa* | $\frac{4}{3}$ | 1 $^1/_3$ |
| *sol* | $\frac{3}{2}$ | 1 $^1/_2$ |
| *la* | $\frac{5}{3}$ | 1 $^2/_3$ |
| *si* | $\frac{15}{8}$ | 1 $^7/_8$ |
| l'*ut* octave | 2. | |

Le rapport synchronique du *ré* au *mi* est celui de $\frac{10}{9}$ à $\frac{5}{4}$

ou de $\frac{40}{36}$ à $\frac{45}{36}$

ou de 40 à 45

ou de 8 à 9

ou de 1 à $\frac{9}{8}$

-----

(*a*) *Considérations sur l'acoustique musicale.* Société de Lille, 1855.

Ce nombre $\frac{9}{8}$ étant un peu plus grand que $\frac{10}{9}$ nous indique que le *mi* est un peu plus élevé au-dessus du *ré* que le *ré* au-dessus de l'*ut*.

Comparons de la même manière le *ré* $\frac{10}{9}$ à sa tierce mineure ou au *fa* $\frac{4}{3}$. Le rapport synchronique de ces deux sons sera celui de $\frac{10}{9}$ à $\frac{4}{3}$

$$\text{ou de} \qquad \frac{30}{27} \text{ à } \frac{36}{27}$$
$$\text{ou de} \qquad 30 \text{ à } 36$$
$$\text{ou de} \qquad 5 \text{ à } 6$$
$$\text{ou de} \qquad 1 \text{ à } \frac{6}{5}$$

Comparons de même le *mi* $\frac{5}{4}$ au *fa* $\frac{4}{3}$, leur rapport sera celui de $\frac{5}{4}$ à $\frac{4}{3}$ ou de $\frac{15}{12}$ à $\frac{16}{12}$, ou de 15 à 16 ou enfin de 1 à $\frac{16}{15} = 1\ ^5/_{15}$.

De même, le rapport du *si* à l'*ut* octave, sera celui de $\frac{15}{8}$ à 2 ou de 15 à 16, ou de 1 à $\frac{16}{15}$, comme de *mi* à *fa*.

En résumé, on a le tableau suivant :

| Notes de la gamme majeure d'*ut*, | *ut* | *ré* | *mi* | *fa* | *sol* | *la* | *si* |
|---|---|---|---|---|---|---|---|
| rapports synchroniques | $1$ | $\frac{10}{9}$ | $\frac{5}{4}$ | $\frac{4}{3}$ | $\frac{3}{2}$ | $\frac{5}{3}$ | $\frac{15}{8}$ |
| rap. sy. entre les notes consécut. | | $\frac{10}{9}$ | $\frac{9}{8}$ | $\frac{16}{15}$ | $\frac{9}{8}$ | $\frac{10}{9}$ | $\frac{9}{8}$ |

Si l'on écrit à la suite les unes des autres les notes de rang pair, puis les notes de rang impair, on aura :

| | *ré* | *fa* | *la* | *ut* | *mi* | *sol* | *si* |
|---|---|---|---|---|---|---|---|
| rap. syn. | | $\frac{6}{5}$ | $\frac{5}{4}$ | $\frac{6}{5}$ | $\frac{5}{4}$ | $\frac{6}{5}$ | $\frac{5}{4}$ |

d'où l'on peut conclure que les notes de la gamme proviennent d'une suite de tierces alternativement mineures $\frac{6}{5}$ et majeures $\frac{5}{4}$.

Les nombres fractionnaires ci-dessus réprésentant les notes successives de la gamme majeure d'*ut*, se retrouvent dans les ouvrages modernes qui traitent de la théorie de cette gamme, à l'exception pourtant du *ré* qui est partout représenté par $\frac{9}{8}$. C'est une erreur qui remonte jusqu'à Rameau. Dans son *traité de l'harmonie* publié en 1722, le célèbre artiste adopte pour le *ré* la valeur ci-dessus $\frac{10}{9}$; mais plus tard, en 1726, s'étant aperçu que cette valeur était en opposition avec les bases de son *nouveau système de musique théorique*, et ayant besoin, pour étayer ce système, d'un *ré* qui fût la quinte juste du *sol*, il a dû croire que le *ré* $\frac{9}{8}$, plus conforme à ses vues, était aussi plus conforme à la nature. D'Alembert dans son commentaire du système de Rameau, et J.-J. Rousseau dans son dictionnaire, n'ont élevé aucune réclamation contre ce changement, et c'est par cette voie que l'erreur s'est infiltrée partout. Ce n'est qu'en 1851 que des expériences spéciales et rigoureuses (a) ont rendu au *ré* sa véritable valeur $\frac{10}{9}$. Cette erreur n'a plus sa raison d'être, elle fausse toutes les théories, il importe qu'elle disparaisse. (*Voir une note à la fin.*)

Nommons provisoirement *ro* le son qui serait élevé au-dessus d'*ut* autant que *mi* est au-dessus de *ré*. Ce *ro* sera représenté par $\frac{9}{8}$, l'*ut* étant 1. Comparons maintenant le son *ré* au son *ro*. Le rapport synchronique sera celui $\frac{10}{9}$ à $\frac{9}{8}$ ou de $\frac{80}{72}$ à $\frac{81}{72}$, ou de 80 à 81 ou enfin de 1 à $\frac{81}{80}$. C'est-à-dire que si le *ré* est représenté par 1, le *ro* le sera par $\frac{81}{80}$. Si l'on veut que l'*ut* soit 1, le *ro* sera $\frac{10}{9} \times \frac{81}{80}$ ou $\frac{9}{8}$.

$$\text{Nous avons vu que le rapport synchronique de } ut \text{ à } ré \text{ est } \frac{10}{9} = 1\,^1/_9$$
$$ré \text{ à } mi \quad \frac{9}{8} = 1\,^1/_8$$
$$mi \text{ à } fa \quad \frac{16}{15} = 1\,^1/_{15}$$
$$ré \text{ à } ro \quad \frac{81}{80} = 1\,^1/_{80}$$
$$\text{etc.} \qquad \text{etc.}$$

Or, $^1/_9$ est plus petit que $^1/_8$. Il en résulte que pour aller en chantant du *ré* au *mi*, il faut élever la voix (la rendre plus aiguë) un peu plus que pour aller de l'*ut* au *ré*. C'est ce qui fait dire que la distance, l'*intervalle* de l'*ut* au *ré* est un peu moindre que celui du *ré* au *mi*. On donne le nom de *ton mineur* à l'intervalle de l'*ut* au *ré*, et, en général, à l'intervalle de deux sons dans le rapport de 1 à $\frac{10}{9}$. On appelle *ton majeur* l'intervalle de deux sons dont le rapport est celui de 1 à $\frac{9}{8}$, comme de *ré* à *mi*, de *fa* à *sol*, de *la* à *si*.

---

(a) *Expériences et observations sur le RÉ de la gamme.* Mémoires de la Société de Lille, 1855.

La fraction $\frac{1}{15}$ étant beaucoup plus petite que $\frac{1}{8}$ ou $\frac{1}{9}$, on voit que pour aller en chantant de *mi* à *fa*, il faut élever la voix beaucoup moins que pour aller d'*ut* à *ré* ou de *ré* à *mi*. C'est-à-dire que l'intervalle de *mi* à *fa* est beaucoup moindre que le ton majeur ou mineur. On lui a donné le nom, assez mal choisi, de *demi-ton majeur ;* ce qui veut signifier que l'intervalle de *mi* à *fa* est plus grand ( majeur ) que la moitié du ton ou majeur ou mineur.

La fraction $\frac{1}{80}$ est aussi beaucoup plus petite que $\frac{1}{15}$, par conséquent l'intervalle du *ré* au *ro* est plus petit que le demi-ton majeur. On l'appelle *comma*. C'est l'excès du ton majeur sur le ton mineur. Le *ro* étant d'un comma plus aigu que le *ré,* nous le désignerons par *ré*$^c$. Le petit *c* placé à droite et un peu au-dessus du mot *ré* indique qu'il faut élever le son *ré* d'un comma pour avoir le son *ro ,* dont le nom provisoire devient ainsi inutile. Par les mêmes raisons , on écrit un petit *c* à droite et au bas du nom d'une note pour indiquer qu'elle doit être abaissée, ou plus grave, d'un comma. Exemples :

| | |
|---|---|
| *mi*$_c$ | *mi* abaissé d'un comma. |
| *fa*$^{\sharp}_{c}$ | *fa* dièse abaissé d'un comma. |
| *sol*$^{\sharp c}$ | *sol* dièse élevé d'un comma. |
| *si*$^{c}_{\flat}$ | *si* bémol élevé d'un comma. |
| *la*$_{\flat cc}$ | *la* bémol abaissé de deux commas. |
| *ré*$^{\sharp\sharp ccc}$ | *ré* double dièse élevé de trois commas. |
| *si*$^{cc}_{\flat\flat\flat}$ | *si* triple bémol élevé de deux commas. |
| *sol*$^{\frac{4}{3}}$ $^{\sharp}_{c}$ | *sol* quadruple dièse abaissé de trois commas. |
| etc. | |

Gardons-nous bien de confondre , comme on le fait souvent pour abréger le discours , deux choses différentes et parfaitement distinctes : le rapport synchronique de deux sons et l'*intervalle* de l'un à l'autre. Le rapport synchronique $\frac{5}{4}$ , par exemple , rappelle que l'*ut* fait quatre oscillations pendant que le *mi* en fait cinq , tandis que

l'*intervalle* de l'*ut* au *mi* est la quantité dont il faut élever la voix au-
dessus de l'*ut* pour arriver au *mi*. Le rapport synchronique $\frac{10}{9}$, ou
$\frac{4}{4}$, ou $\frac{5}{2}$..... ne mesure pas l'intervalle de l'*ut* au *ré*, ou au *mi*, ou
au *sol*..... mais il est un indice, un signe, un *symbole* de cet inter-
valle ; il ne le mesure pas, mais il en donne le sentiment plus ou moins
vague ; il sert même, comme nous le verrons, à trouver la mesure
de l'intervalle. C'est pour cela que les rapports synchroniques
$\frac{10}{9}$, $\frac{5}{4}$, $\frac{4}{5}$, $\frac{5}{2}$, $\frac{5}{3}$, $\frac{15}{8}$, sont aussi nommés *rapports symboliques, valeurs symboliques, intervalles symboliques*. Sous le nom de syn-
chroniques, ces rapports rappellent le nombre des oscillations de l'*ut*
comparé aux nombres d'oscillations des notes de la gamme ; sous le
nom d'intervalles symboliques, ces mêmes fractions portent la pensée
vers la distance, l'intervalle de l'*ut* aux notes de la gamme. Par exemple, si la fraction $\frac{3}{2}$ est qualifiée de rapport synchronique, c'est qu'on
a en vue le nombre des oscillations de l'*ut* comparé au nombre des oscillations du *sol*. Si cette même fraction $\frac{3}{2}$ est qualifiée de rapport
symbolique, ou d'intervalle symbolique, c'est qu'on veut porter la
pensée sur l'*intervalle* de l'*ut* au *sol*, sur la quantité dont il faut
élever la voix pour aller de l'*ut* à sa quinte *sol*. La fraction $\frac{81}{80}$ est
l'intervalle symbolique de *ré* à *ré*⁰, intervalle déjà signalé sous le nom
de *comma*.

Dans leur pratique de tous les jours, les musiciens éprouvent souvent le désir ou le besoin d'apprécier l'intervalle compris entre deux
sons qu'ils veulent comparer. Ils *estiment* que cet intervalle est d'un
ton, de deux tons, d'un demi-ton, d'un quart de ton.... ; mais ces
appréciations, quelquefois assez justes quand il s'agit d'un intervalle
fréquemment usité d'un ou plusieurs tons ou même d'un demi-ton,
sont presque toujours grandement erronées dans les autres cas, sur-
tout lorsqu'il s'agit de très-petits intervalles. C'est donc à tort que
pour soutenir ou pour combattre une théorie musicale on invoque ces
grossières estimations que l'on affirme être exactes sans fournir à
l'appui des expériences précises.

Une théorie musicale peut toujours se traduire par des chiffres, des valeurs symboliques ; on peut en déduire , comme nous allons le voir , la mesure précise , rigoureuse, des intervalles et par conséquent juger avec certitude du mérite de cette théorie. Nous en donnerons des exemples.

*Mesurer un intervalle , c'est déterminer le nombre de fois qu'il contient un autre intervalle pris pour unité;* comme on prend la toise, l'aune, le mètre..... pour mesurer la longueur d'un mur, d'une toile.....

L'unité d'intervalle, comme toute autre unité , est absolument arbitraire ; cependant , si elle est choisie trop grande , elle sera incommode pour mesurer de petits intervalles musicaux, comme cela arrive très-souvent. Nous choisirons entre diverses unités et nous donnerons les motifs qui ont déterminé notre choix.

Concevons une série indéfinie de sons successifs marqués respectivement des numéros d'ordre 0 , 1 , 2 , 3 , 4 , 5 , 6 , 7.......et tels que le N.º 1 soit plus aigu que l'*ut* marqué N.º 0 , de l'unité d'intervalle ; que le son N.º 2 soit plus aigu que le N º 1 précédent, aussi de l'unité d'intervalle ; que le N.º 3 soit plus aigu que le N.º 2 , de la même unité d'intervalle ; que l'intervalle du N.º 3 au N.º 4 soit encore d'une unité.... et que cela continue ainsi indéfiniment. Il est clair que le son N.º 17 , par exemple , sera au-dessus de l'*ut*, N.º 0, juste de 17 unités d'intervalle. Par conséquent le numéro d'ordre 17 sera exactement la mesure de ce 17.ᵉ son. Il est clair encore que l'intervalle du son N.º 523 au son N.º 549 sera de 26 unités , excès de 549 sur 523. En définitive, l'intervalle de l'*ut* de départ à un son quelconque de la série est mesuré par le numéro d'ordre de ce son , et l'intervalle entre-deux sons de la série est mesuré par la différence entre les numéros d'ordre de ces deux sons.

Afin d'être mieux compris des praticiens en musique auxquels je m'adresse exclusivement, je vais reprendre les mêmes idées en les appliquant à un exemple.

Prenons pour unité l'intervalle d'octave. Partons d'*ut* N.º 0 et élevons nous d'une octave pour arriver au N.º 1. Pendant que l'*ut*

de départ, N.º 0, fait une oscillation, l'*ut* octave N.º 1 en fait deux ;
ainsi, la valeur synchronique du son N.º 0 est 1 et celle du son N.º 1
est 2. Le son N.º 2 étant l'octave aiguë du N.º 1, sa valeur synchronique sera double de 2, elle sera 4 ou $2 \times 2$ ou $2^2$. De même celle
du N.º 3 sera double de celle du N.º 2, elle sera double de 4 ou de
$2^2$, elle sera 8 ou $2^3$. Celle du N.º 4 sera double de celle du N.º 3,
elle sera donc 2 fois 8 ou $2^4$.... et ainsi de suite. On aura donc
le tableau suivant :

| Numéros d'ordre | 0 | 1 | 2 | 3 | 4 | 5 | 6 | 7 | 8 | 9... |
|---|---|---|---|---|---|---|---|---|---|---|
| Val. synchroniques des notes successives. | 1 | 2 | 4 | 8 | 16 | 32 | 64 | 128 | 256 | 512.. |
| ou | $2^0$ | $2^1$ | $2^2$ | $2^3$ | $2^4$ | $2^5$ | $2^6$ | $2^7$ | $2^8$ | $2^9$.. |

On voit que l'exposant de la puissance à laquelle il faut élever
2 ou la valeur synchronique de l'unité d'intervalle (qui est ici l'octave)
pour avoir la valeur synchronique de chaque son successif de la série,
est précisément le numéro d'ordre de chaque son, et enfin que cet
exposant, ce numéro d'ordre, est la mesure exacte en octaves de
l'intervalle du son quelconque au-dessus de l'*ut* de départ. Ainsi la
valeur synchronique du son N.º 13, par exemple, est 2 élevé à la
treizième puissance, c'est $2^{13}$, c'est 2 multiplié treize fois par lui-
même, c'est enfin 8192, et l'intervalle en octaves de l'*ut* 1 de départ
à ce 13.ᵉ son de 8192 oscillations est mesuré par l'exposant 13. C'est
un intervalle de treize octaves.

Nous avons bien dans ce qui précède la mesure exacte de l'intervalle en octaves depuis l'*ut* de départ faisant une oscillation jusqu'aux
sons faisant dans le même temps 2, 4, 8, 16, 32, 64.... oscillations ; mais nous n'avons pas la mesure de l'intervalle pour les nombres intermédiaires d'oscillations. Nous n'avons pas, par exemple,
l'intervalle en octaves de l'*ut* de départ au son représenté par le
chiffre 19 que je prends au hasard. L'intervalle demandé est évidemment compris entre 4, numéro d'ordre de 16, et 5, numéro d'ordre
de 32 ; mais plus près de 4 que de 5. Ce numéro d'ordre cherché,
cet intervalle en octaves de l'*ut* de départ au son 19, est l'exposant de
la puissance à laquelle il faut élever 2 pour avoir 19. Nommons $x$ cet

exposant inconnu, on aura donc pour le trouver à résoudre l'équation

$$2^x = 19.$$

Prenant dans une table quelconque, dans celle de Callet, par exemple, les logarithmes de 2 et 19, on aura :

$$x \times \log. 2 = \log. 19 \quad \text{d'où} \quad x = \frac{\log. 19}{\log. 2}$$

Logarithme vulgaire de 19. . . . . . . 1,2787536

Logarithme vulgaire de 2. . . . . . . . 0,3010300

faisant la division, on trouve $x = 4,2479275$. . . . pour l'intervalle demandé. Cet intervalle signifie que le son faisant 19 oscillations pendant que l'*ut* en fait une seule, est élevé au-dessus de cet *ut* de 4 octaves $^1/_4$, ou plus exactement, de 4 octaves et 2479 dix-millièmes d'octave.

Ce que nous venons de faire pour le nombre 19 on peut le faire pour tout autre nombre entier ou fractionnaire ; on peut donc ainsi dresser une table, une sorte de Barême, en deux colonnes où l'on trouverait, dans la première colonne, la suite naturelle et indéfinie des nombres 1, 2, 3, 4, 5, 6, 7. . . . et à côté, dans une seconde colonne, les intervalles calculés comme nous venons de le faire pour le nombre 19.

On donne le nom de *logarithmes acoustiques* aux nombres de cette seconde colonne. Qu'on ne s'effraye pas de ce gros mot *logarithme*, il n'a pas ici d'autre signification que celle que nous lui avons donnée dans ce qui précède. Au lieu d'appeler ces nombres : *logarithmes acoustiques,* on pourrait, on devrait les appeler : *intervalles musicaux.*

La table des intervalles musicaux, la table de logarithmes dont je viens de donner une idée, et dans laquelle l'unité d'intervalle est 2 ou l'octave de l'*ut*, existe réellement. Elle a été calculée, en 1832, depuis 1 jusqu'à 320, par M. de Prony, membre l'Institut. L'exactitude de chaque logarithme ou intervalle musical en octaves, a été poussée jusqu'à la septième décimale, c'est-à-dire, jusqu'à la dix-millionième partie de l'octave. On a bien rarement besoin d'une aussi grande précision.

Rien n'obligeait M. de Prony à prendre l'octave ou 2 pour l'unité des mesures d'intervalles ; tout autre nombre pris pour base peut être employé ; mais comme les expériences d'acoustique musicale et les calculs qui en sont la suite ont presque toujours pour but de mesurer de très-petits intervalles, il convient de prendre pour unité un intervalle beaucoup plus petit que l'octave 2. C'est aussi ce qu'à fait M. de Prony. Il a donné une table allant aussi de 1 à 320, en prenant pour base la douzième partie de l'octave ou $2^{\frac{1}{12}}$.

Dans son grand ouvrage sur la musique des Grecs (a) M. Vincent, membre de l'Institut, a donné une table de logarithmes acoustiques dans laquelle l'unité d'intervalle, est la soixantième partie de l'octave ou $2^{\frac{1}{60}}$. Ce choix convenait ici, parce que l'auteur avait à étudier une grande diversité de systèmes bizarres où figurent toutes sortes de nombres.

J'ai moi-même donné, en 1833 (b), une table de logarithmes acoustiques à 6 décimales. Elle s'arrête à 160 et l'unité d'intervalle est le comma $\frac{81}{80}$. Le choix que j'ai fait du comma pour mesurer les intervalles musicaux est justifié, ce me semble, par les considérations suivantes :

Le comma est tiré des intervalles entre les notes de la gamme, puisqu'il est la différence entre le ton majeur et le ton mineur. Il affecte presque toujours, soit en la haussant, soit en la baissant, la note à laquelle on arrive comme résultat d'un calcul ou d'une combinaison. Par exemple, si l'on s'éloigne continuellement d'*ut* d'un intervalle de seconde, de tierce, de quarte, de quinte, etc., on ne rencontre que des notes ou naturelles, ou diésées, ou bémolisées, et presque toujours *commatisées*, c'est-à-dire élevées ou abaissées d'un ou plusieurs commas entiers. Mes logarithmes mettent en évidence ces commas, qui restent cachés sous des chiffres quand on calcule avec des tables d'une autre base, d'une autre unité de mesure. Le comma joue un rôle très-important dans les expériences et les calculs d'acoustique musi-

---

(a) Notices et extraits des manus. de la bibloth., etc., t. XVI, 2ᵉ p., chez Duprat.
(b) Mémoires de la Société de Lille, pour 1833 et 1848.

cale, dans les théories, dans la constitution des accords, et en général dans les combinaisons diverses des notes usitées. Consultons, par exemple , le tableau suivant des diverses gammes dans le mode majeur :

$$\frac{10}{9} \qquad \frac{9}{8} \qquad \frac{16}{15} \qquad \frac{9}{8} \qquad \frac{10}{9} \qquad \frac{9}{8}$$

|   |   |   |   |   |   |   |
|---|---|---|---|---|---|---|
| si♯ | ut♯♯$_c$ | ré♯♯$_c$ | mi♯$_c$ | fa♯♯ | sol♯♯$_c$ | la♯♯ |
| mi♯ | fa♯♯ | sol♯♯ | la♯ | si♯$_c$ | ut♯♯ | ré♯♯ |
| la♯ | si♯ | ut♯♯ | ré♯ | mi♯ | fa♯♯ | sol♯♯ |
| ré♯ | mi♯$_c$ | fa♯♯ | sol♯ | la♯ | si♯ | ut♯♯ |
| sol♯ | la♯$_c$ | si♯ | ut♯ | ré♯ | mi♯$_o$ | fa♯♯ |
| ut♯ | ré♯$_c$ | mi♯$_c$ | fa♯$_c$ | sol♯ | la♯$_c$ | si♯ |
|   |   |   |   |   |   |   |
| fa♯ | sol♯ | la♯ | si | ut♯$_o$ | ré♯ | mi♯ |
| si | ut♯ | ré♯ | mi | fa♯ | sol♯ | la♯ |
| mi | fa♯$_c$ | sol♯ | la | si | ut♯ | ré♯ |
| la | si$_c$ | ut♯ | ré | mi | fa♯$_c$ | sol♯ |
| ré | mi° | fa♯$_o$ | sol$_o$ | la | si$_c$ | ut♯ |
| sol | la | si | ut | ré° | mi | fa♯ |
|   |   |   |   |   |   |   |
| ut | ré | mi | fa | sol | la | si |
|   |   |   |   |   |   |   |
| fa | sol$_c$ | la | si♭ | ut | ré | mi |
| si♭ | ut$_c$ | ré | mi♭ | fa | sol$_c$ | la |
| mi♭ | fa$_c$ | sol$_c$ | la♭$_c$ | si♭ | ut$_c$ | ré |
| la♭ | si♭ | ut | ré♭ | mi♭° | fa | sol |
| ré♭ | mi♭ | fa | sol♭ | la♭ | si♭ | ut |
| sol♭ | la♭$_c$ | si♭ | ut♭ | ré♭ | mi♭ | fa |
|   |   |   |   |   |   |   |
| ut♭ | ré♭$_c$ | mi♭ | fa♭ | sol♭ | la♭$_o$ | si♭ |
| fa♭ | sol♭$_c$ | la♭$_o$ | si♭♭$_c$ | ut♭ | ré♭$_c$ | mi♭ |
| si♭♭ | ut♭ | ré♭ | mi♭♭ | fa♭$_c$ | sol♭ | la♭ |
| mi♭♭ | fa♭ | sol♭ | la♭♭ | si♭♭ | ut♭ | ré♭ |
| la♭♭ | si♭♭$_c$ | ut♭ | ré♭♭ | mi♭♭ | fa♭ | sol♭ |
| ré♭♭ | mi♭♭$_c$ | fa♭ | sol♭♭ | la♭♭ | si♭♭• | ut♭ |

On y voit que le *mi*, le *sol* et le *si* de la gamme d'*ut* doivent être abaissés d'un comma pour entrer dans la gamme de *ré* ; que le *fa*# de la gamme de *sol* doit être abaissé d'un comma pour entrer dans les gammes de *mi*, de *la* et de *ré* ; que le *sol* naturel est plus grave d'un comma dans les gammes de *ré*, de *fa* et de *si*♭ ; que la seconde et la quatrième note de la gamme de *si*♭ doivent être haussées d'un comma pour devenir la troisième et la cinquième notes de la gamme de *la*♭, etc., etc. On comprendra encore mieux l'importance du rôle que joue ce comma dans l'exposition des théories musicales, et par suite l'utilité d'une table qui le mette immédiatement en évidence dans les calculs, sans qu'il puisse se perdre ou se cacher sous des chiffres, en méditant le *Mémoire sur la théorie de la gamme et des accords* (a), lu à l'Académie des Sciences par M. Vincent, membre de l'Institut.

C'est une opinion presque universelle, parmi les musiciens, que le comma n'est pas perceptible. C'est encore une erreur qui remonte jusqu'à Rameau. Le célèbre et savant artiste s'exprime sur ce point avec tant d'énergie et d'autorité qu'on n'ose presque pas le contredire : « Jamais personne n'a senti ni ne sentira la différence entre le ton » majeur et le ton mineur. » (b) Cette erreur, répétée de confiance par d'Alembert, J.-J. Rousseau et leurs successeurs, s'est enracinée dans les esprits et n'en sortira pas de longtemps. Il serait absurde, il est vrai, de vouloir mesurer quoi que ce soit avec une unité qui échapperait à nos moyens de perception ; mais tel n'est pas le cas du comma. Non seulement le comma est appréciable par les oreilles les plus brutes, mais un intervalle dix fois plus petit est encore perceptible dans un grand nombre de cas. On en trouvera beaucoup d'exemples dans les notices citées plus haut.

L'époque actuelle voit surgir de nombreux ouvrages ayant la théorie de la musique pour objet. Aujourd'hui la plupart des auteurs soumettent

---

(a) *Comptes rendus de l'Académie des Sciences*. Séances des 12 novembre, 24 et 31 décembre 1855.

(b) *Code de musique pratique*. 1760, p. 205.

leur système au calcul, et comme aucun, jusqu'ici du moins, ne tient compte du comma, que tous le dédaignent ou ignorent son importance, les petites erreurs s'accumulent et deviennent embarrassantes. Alors on s'en prend aux nombres fondamentaux qu'on déclare faux ; on nie les faits constatés par les musiciens eux-mêmes, on oppose à ces faits des affirmations dénuées de preuves, on est réduit enfin à user d'une tactique qui réussit toujours et qui consiste à verser tout doucement le ridicule ou le mépris sur les géomètres et les physiciens qu'on accuse d'incompétence et d'incapacité ; aménités qui prouvent merveilleusement l'excellence du système qu'on préconise.

Quelles que soient les idées que chacun a adoptées sur la théorie de la musique, il est utile à tous de pouvoir les soumettre à l'analyse et à la comparaison avec les idées des autres, et cela ne peut se faire commodément qu'avec le secours d'une table de logarithmes acoustiques, qui reste toujours neutre entre les opinions belligérantes.

L'utilité d'une pareille table ne pouvant être mise en doute, j'ai songé à reproduire celle de 1833, mais beaucoup plus étendue, puisque je la pousse jusqu'à 1200 au lieu de 160. Afin qu'on puisse préciser le degré de confiance qu'on peut accorder à ma table, je me crois dans l'obligation d'indiquer la marche que j'ai suivie pour la calculer ; mais il faut pour cela qu'on me permette de reproduire en peu de mots, pour cette table, la petite théorie élémentaire déjà exposée à l'occasion de la table de M. de Prony, ayant l'octave ou 2 pour base.

Concevons donc qu'on s'élève continuellement au-dessus d'*ut* d'un comma à la fois et qu'on marque d'un numéro d'ordre les sons successivement produits. On voit que l'intervalle en commas de l'*ut* N.° 0 à l'un quelconque des sons de la série indéfinie sera mesuré par le numéro d'ordre de ce son. On aura donc :

| N.ᵒˢ d'ordre | 0 | 1 | 2 | 3 | 4 | ...... |
|---|---|---|---|---|---|---|
| val. synch. | $\left(\dfrac{81}{80}\right)^0$ | $\left(\dfrac{81}{80}\right)^1$ | $\left(\dfrac{81}{80}\right)^2$ | $\left(\dfrac{81}{80}\right)^3$ | $\left(\dfrac{81}{80}\right)^4$ | ...... |
| symboles | | $\dfrac{81}{80}$ | $\dfrac{6561}{6400}$ | $\dfrac{431441}{512000}$ | $\dfrac{13046720}{40960009}$ | .... |

2

Où l'on voit bien que l'exposant de la puissance à laquelle il faut élever $\frac{81}{80}$ pour avoir la valeur synchronique des sons successifs, est précisément égal au numéro d'ordre. C'est ce numéro d'ordre ou cet exposant qui est le logarithme acoustique de chaque son, c'est-à-dire l'intervalle en commas de l'*ut* à ce son.

Nous avons bien ici sous les yeux l'intervalle de l'*ut* aux divers sons de la série, mais nous n'avons pas l'intervalle de l'*ut* à un son ne faisant pas partie de cette série. Soient 1 et N les nombres synchroniques d'oscillations de l'*ut* et d'un son quelconque; N sera la valeur symbolique de ce son; soit $x$ l'exposant de la puissance à laquelle il faut élever $\frac{81}{80}$ pour reproduire ce nombre N. On aura :

$$\left(\frac{81}{80}\right)^{x} = N \ \ldots\ (\text{A})$$

d'où l'on tire

$$x = \frac{\log \text{N.}}{\log \frac{81}{80}} = \frac{1}{\log 81 - \log 80} \times \log.\text{N}.$$

Ce qui fait connaître $x$, c'est-à-dire le logarithme acoustique de N, c'est-à-dire encore l'intervalle en commas de l'*ut* au son dont la valeur symbolique est N.

Rappelons-nous que le rapport entre les nombres synchroniques d'oscillations de deux sons ne mesure pas l'intervalle entre les deux sons, mais nous voyons ici que ce rapport N entre obligatoirement dans le calcul à faire pour obtenir cet intervalle $x$.

Pour résoudre l'équation (A) je me suis servi des logarithmes vulgaires des tables de Callet. J'ai donc eu :

| | | | | |
|---|---|---|---|---|
| log. vulg. de 81. | 1,90848 | 50188 | 78649 | 74918…… |
| log. vulg. de 80. | 1,90308 | 99869 | 91943 | 58564…. |
| log.v. 81 — log.v. 80. | 0,00539 | 50318 | 86706 | 16354.$=p$. |

$$\text{ainsi} \quad x = \frac{1}{p} \times \log.\text{vulg.N}.$$

Il n'y a donc plus qu'à diviser par $p$ le logarithme vulgaire du nombre N. C'est aussi ce que j'ai fait pour calculer ma première petite table ; mais comme , pour simplifier et abréger ce travail , je me suis contenté du diviseur trop petit 0,005395 , j'ai eu des résultats trop grands.

Pour ma nouvelle table , j'ai d'abord divisé l'unité par $p$ avec ses vingt chiffres décimaux , le quotient est

$$185,35571\ 63330\ 375....M.$$

C'est le logarithme acoustique de la base 10 des logarithmes vulgaires, c'est ce quotient ou *module* M qu'il faut multiplier successivement par les logarithmes vulgaires de 2, 3, 4, 5, 6, 7..... A cet effet, j'ai ajouté le module M à lui-même neuf fois de suite , ce qui m'a donné d'avance les produits partiels de M par les chiffres significatifs du logarithme vulgaire de N. Ces produits partiels ayant été écrits sur le bord d'autant de cartons soigneusement et largement réglés , il n'y avait plus qu'à ranger ces cartons les uns sur les autres en reculant d'une place à chaque chiffre , puis à faire l'addition. J'ai pris dans la table de Callet les logarithmes vulgaires à 12 chiffres décimaux , ce qui en donnait 23 aux produits totaux; mais en additionnant j'ai négligé les sept dernières colonnes , en tenant compte de la retenue fournie par la dix-septième. De cette manière le produit ne peut être en défaut que de quelques unités sur le chiffre décimal du seizième ou du quinzième ordre.

Les logarithmes des nombres premiers et de leurs diverses puissances ainsi calculés ont été écrits , avec dix chiffres décimaux seulement, sur le bord d'autant de cartons bien réglés, de manière qu'en les superposant j'additionnais facilement les logarithmes des plus grands facteurs des nombres complexes et j'insérais dans la table les sommes réduites à 8 chiffres décimaux, avec la précaution, ici comme partout, d'augmenter d'une unité le dernier chiffre décimal conservé quand le premier de ceux qu'on abandonne est 5 ou plus grand que 5. Enfin , je n'ai calculé qu'à 12 décimales exactes les logarithmes des nombres premiers au-dessus de 600, parce qu'il n'y avait pas lieu de les ajouter à d'autres.

Malgré mes efforts d'attention et de patience pendant ce travail de manœuvre, il se peut qu'il y ait çà et là dans ma table quelques chiffres suspects. Si quelques-uns des logarithmes pris dans Callet sont en défaut, ils auront inévitablement faussé dans ma table ceux qui en proviennent.

J'ai partagé les 8 chiffres décimaux en deux groupes de 4, parce qu'il est très-rare qu'on ait besoin de pousser l'exactitude au-delà des dix-millièmes de comma et qu'on peut souvent se contenter des centièmes. N'oublions pas cependant qu'avec les fourchettes de Scheibler, et par la méthode des battements, on peut mettre en évidence des différences moindres qu'un centième de comma, c'est-à-dire un intervalle cent fois plus petit que le comma nié par Rameau et tous les musiciens.

A la seule inspection de la table, on reconnait que les différences entre les nombres N successifs sont constantes et égales à l'unité, tandis que les logarithmes correspondants ont des différences inégales qui décroissent, d'abord avec rapidité pour les petits nombres N, puis de plus en plus lentement pour les nombres plus grands, de sorte que pour les dernières pages de la table, les différences des nombres voisins sont à peu près proportionnelles aux différences de leurs logarithmes respectifs. Les erreurs des calculs fondés sur cette proportionnalité diminueront donc à mesure qu'on opérera sur des nombres plus voisins de la limite 1200 de la table. C'est sur cette proportionnalité approchée qu'est fondé le procédé suivant pour calculer avec une suffisante précision le logarithme d'un nombre qui passe les limites de la table.

Soit donc à calculer le logarithme de 234,5678. On fera la proportion :

$$1 \qquad \text{différence entre } 234 \text{ et } 235$$
$$: 0{,}3432\ 7969 \quad \text{différ. entre les log. de } 234 \text{ et } 235$$
$$:: 0{,}5678 \qquad \text{différ. entre } 234 \text{ et } 234{,}5678$$
$$: x = 0{,}1949\ 1421 \quad \text{différ. entre les log. de } 234 \text{ et } 234{,}5678.$$

Ajoutant cette différence................ 0,1949 1421
au logarithme de 234.................... 439,1477 0240
on aura, pour le log. de 234,5678......... 439,3426 1661
Le log. directement calculé est........... 439,3428 1201
L'erreur négligeable est donc............. 0,0001 9540

Si l'on voulait plus d'exactitude, on se dirigerait d'après la remarque suivante qui a d'utiles et fréquentes applications. Le nombre proposé 234,5678 est assez petit pour que son quadruple et même son quintuple 1172,8390 soit au-dessous de la limite 1200 de la table. On cherchera donc le logarithme de 1172,839 en faisant la proportion

1:0,0686 5585 :: 0,839 : $x$ =........... 0,0576 0226
ajoutant le log. de 1172................. 568,8432 7583

on aura pour le log. de 1172,839.......... 568,9008 7809
Mais comme on a opéré sur un nombre 5 fois
trop grand, il faut retrancher le log. de 5 ou.. 129,5580 8585
le reste est le log. cherché de 234,5678...... 439,3427 9224
Le log. exact, calculé à part, est........... 439,3428 1201
la différence est...................... 0,0000 1977
L'erreur est nulle jusque dans la quatrième décimale.

Si l'on demandait le logarithme de 234567,8 il suffirait évidemment de calculer comme ci-dessus le logarithme de 234,5678 et d'y ajouter le logarithme de 1000. On aurait ainsi...... 439,3428
+ 556,0671

995,4099

Il faudrait au contraire retrancher de.. 439,3428
le log. de 100 ou................... 370,7114

pour avoir le logarithme de 2,345678... 68,6314

On s'exposerait à faire une erreur sensible si l'on usait de la proportion pour calculer, sans préparation, le logarithme de 2,345678. C'est ce que constate le calcul suivant :

$1 : 32,6395 :: 0,345678 : x =$ ............... $11,2828$

ajoutant le log. de 2 ou........................ $55,7976$

on aurait.................................... $67,0804$

nombre trop faible de $1,5510$ ou de plus d'un comma et demi, ou d'environ la $44.^e$ partie de la vraie valeur.

Soit à calculer le log. de $1,0125$. Il faut d'abord transformer ce nombre en $1012,5$ en le multipliant par $1000$, pour qu'on le trouve entre deux autres dans les dernières pages de la table. Puis on fait la proportion $1 : 0,0795\ 0515 :: 0,5 : x =$ ... $0,0397\ 5258$

ajoutant le log. de $1012$.............. ... $557,0273\ 8661$

Somme.......... $557,0671\ 3919$

Retranchant le log. de $1000$ ou............. $556,0671\ 4900$

il reste pour le log. de $1,0125$............. $0,9999\ 9019$

nombre qu'on peut remplacer par $1$. Et en effet

$$1,0125 = \left(\frac{81}{80}\right), \text{ d'où } \log.1,0125 = \log.81 - \log.80 = 1.$$

Remarquons que $1,0125$ est divisible par $5$ et que le quotient $0,2025$ est lui-même divisible par $5$, de sorte que

$$1,0125 = \frac{405 \times 25}{10000}, \text{ et } \log.1,0125 = \log.405 + \log.25 - \log.10000.$$

Opérant, on a, log.$405$.................. $483,3066\ 9363$

$\qquad\qquad$ log. $25$.................. $259,1161\ 7171$

Somme, ou log. de $10125$................. $742,4228\ 6534$

$\quad$ Log.$100$........ $370,7114\ 3267$

$\quad$ Log.$100$........ $370,7114\ 3267$

Log.$10000$........ $741,4228\ 6534$...... $741,4228\ 6534$

$\qquad$ Différence, ou log. de $1,0125$...... $1,0000\ 0000$

Pour faire ressortir encore une fois l'utilité de la transformation quand on a à opérer sur de petits nombres, opérons directement sur

1,0125. Ce nombre est compris entre 1 et 2 dont les log. diffèrent de 55,7976 3048. On fera donc la proportion :

$$1 : 55,7976\ 3048 :: 0,0125 : x = \ldots\ldots\ldots\quad 0,6974\ 7038$$

à quoi il faut ajouter le log. de 1 ou 0 , pour avoir le log. de 1,0125. Le résultat est trop petit de 0,30253 ou des 3 dixièmes de sa valeur.

Soit à calculer le log. de 9228. On le réduira à 922,8, et l'on dira :

$$1 : 0,0873 :: 0,8 : x = \quad 0,0698$$
$$+\ 549,5298\ \ \text{log. de } 922$$
$$\overline{\qquad\qquad}$$
$$549,5996\ \ \text{log. de } 922,8$$
$$+\ 185,3557\ \ \text{log. de } 10$$
$$\overline{\qquad\qquad}$$
$$734,9553\ \ \text{log. de } 9228.$$

Remarquons que 9228 est divisible par 4 puisque 28 qui termine le nombre est un multiple de 4. De plus, la somme 21 des chiffres étant un multiple de 3 , le nombre 9228 l'est aussi, il est par conséquent divisible par 12 , et l'on a $9228 = 769 \times 12$. Tout se réduisait donc à faire la somme des logarithmes de 769 et 12.

$$\text{Log. de } 769 \ldots\ldots\ldots \quad 534,9229$$
$$\text{Log. de } \quad 12 \ldots\ldots\ldots \quad 200,0324$$
$$\overline{\qquad\qquad}$$
Somme ou logarithme de 9228 $\ldots\ldots\ldots$ 734,9553

Par les détails qui précèdent on voit, qu'en général , si le nombre proposé est au-dessous de 600 ou au-dessus de 1200 , il convient de le multiplier ou de le diviser par un auxiliaire choisi pour le ramener à être compris entre 600 et 1200 , et le plus près possible de 1200.

Il faut maintenant s'exercer à résoudre le problème inverse , c'est-à-dire à trouver le nombre correspondant à un logarithme qui n'est pas exactement dans la table ou qui en passe les limites.

Soit , pour premier exemple , 497,2261. Ce logarithme est compris entre ceux de 481 et 482. On fera donc la proportion :

0,1672 différ. entre les log. de 481 et 482

: 1 différ. entre ces nombres.

:: 0,0752 différ. entre le log. de 481 et le log. donné

$$: x = \frac{0,0752}{0,1672} = 0,44976\ldots\text{ différ. entre }481\text{ et le nombre cherché;}$$

le nombre cherché est donc 481,44976...

Soit encore le log. 156,5678. Le nombre correspondant sera compris entre 6 et 7, c'est-à-dire dans une partie de la table où les différences variant beaucoup, on ne peut espérer qu'une approximation grossière. Pour éviter ou diminuer cette cause d'erreur, j'ajoute au log. donné celui de 100 ou 370,7114. La somme 527,2792 répond à un nombre compris entre 699 et 700, et en opérant comme dans l'exemple précédent, on trouvera 699,3397... Ce nombre est cent fois trop grand puisque pour plus d'exactitude on a ajouté le log. de 100 au log. proposé. Le résultat est donc 6,993397....

Pour opérer sans avoir recours à l'auxiliaire 100, on dira :

12,4090 différ. entre les log. de 6 et de 7

: 1 différ. entre 6 et 7

:: 12,3330 différ. entre les log. de 6 et le log. donné

$$: x = \frac{12,3330}{12,4090} = 0,993875\ldots$$

nombre auquel il faut ajouter 6 pour avoir le résultat 6,993875.... moins exact que le précédent et plus grand que lui de 0,000478....

Soit encore 977,3579. Pour faire rentrer ce logarithme dans les dernières pages de la table qu'il dépasse, j'en retranche le log. de 200 ou 426,5091, et pour trouver le nombre correspondant, je dirai :

$$0,0859 : 1 :: 0,0199 : x = \frac{199}{859} = 0,23166472\ldots$$

ajoutant 937 il vient 937,231665. Ce nombre est 200 fois trop petit ; le résultat est donc 937,231665×200=187446,333.

Les divers usages d'une table de logarithmes acoustiques peuvent être extrêmement multipliés, j'en ai donné de nombreux exemples dans les notices citées plus haut. Ce que j'en dirai ici aura simplement pour but de mettre le lecteur peu exercé en état de se servir de ma table pour résoudre les diverses questions qu'il pourra se proposer.

Souvenons-nous que l'expression symbolique d'une note est un nombre fractionnaire dont le dénominateur est le nombre d'oscillations de l'*ut* et le numérateur le nombre synchronique d'oscillations de la note elle-même. Cette expression symbolique peut immédiatement se transformer dans la mesure en commas de l'intervalle musical de l'*ut* à la note. Il suffit en effet de retrancher le logarithme du dénominateur de celui du numérateur. Ainsi la valeur symbolique du *ré* étant $\frac{10}{9}$, du log. de 10 ou................ 185,3557 1633
on retranche celui de 9 ou................ 176,8743 0389

$$\overline{\text{Reste........} \quad 8,4814 \; 1244}$$

Ce reste fait connaître que l'intervalle de l'*ut* au *ré* est de 8 commas et 48 centièmes, ou environ 8 commas 1/2.

Nous savons que le rapport symbolique du ton majeur de *ré* à *mi*, est $\frac{9}{8}$, on aura donc : log. de 9............ 176,8743 0389
log. de 8............ 167,3928 9145

$$\overline{\quad 9,4814 \; 1244}$$

L'intervalle de *ré* à *mi*, ou du ton majeur est juste d'un comma plus grand que celui du ton mineur, ce que nous savions déjà.

Des praticiens disent par tradition que le ton est de 9 commas, d'autres disent qu'il est de 8 commas ; bien peu savent au juste ce que c'est qu'un comma.

Soit encore le rapport symbolique $\frac{16}{15}$ du demi-ton majeur de *mi* à *fa* ou de *si* à l'*ut* octave.
Du logarithme de 16.................... 223,1905 2194
on ôte celui de 15.................... 217,9952 3780

$$\overline{\quad 5,1952 \; 8414}$$

Le reste fait connaître que l'intervalle de demi-ton majeur est de 5 commas et près de 2 dixièmes de comma.

On voit que le demi-ton majeur est plus grand que la moitié du ton entier majeur ou mineur.

Ton majeur..... 9,4814 1244     Ton mineur... 8,4814 1244
Demi-ton majeur. 5,1952 8414                  5,1952 8414
___________________________________________________________
Différence.... 4,2861 2830           3,2861 2830

Cette différence, cet excès du ton majeur ou mineur sur le demi-ton majeur, se nomme *demi-ton mineur,* ce qui signifie qu'il est plus petit (mineur) que la moitié du ton entier. On voit en même temps qu'il n'y a qu'un demi-ton majeur et qu'il y a deux demi-tons mineurs, lesquels diffèrent d'un comma.

Quand on ne fait pas cette distinction on est entraîné à de graves erreurs.

Le rapport symbolique du plus grand des deux demi-tons mineurs est $\frac{9}{8} \times \frac{15}{16} = \frac{155}{128}$, il est $\frac{10}{9} \times \frac{15}{16} = \frac{25}{24}$ pour l'autre.

Désormais, sauf les cas qui exigent une grande précision, je ne calculerai qu'avec 4 chiffres décimaux, et j'aurai soin d'augmenter d'une unité le dernier de ceux que je conserverai quand le premier de ceux que j'abandonnerai sera 5 ou plus grand que 5.

Pour avoir en commas l'intervalle de l'*ut* à une note naturelle, diésée ou bémolisée, il faut donc d'abord se procurer la valeur symbolique de cette note, puis opérer comme nous venons de le faire.

J'ai calculé ces valeurs symboliques tant pour les notes naturelles que pour les notes diésées ou bémolisées jusqu'à 6 fois. Ces calculs peuvent se compliquer beaucoup quand on suit la marche indirecte ordinaire, ils se simplifient extrêmement au contraire quand on applique les formules que j'ai données pour cet objet (a). D'un trait de plume on trouve la valeur symbolique d'une note diésée ou bémolisée autant de fois qu'on voudra.

_______________________________________________________

(a) *Principes fondamentaux.* Mémoires de la Société de Lille. 1848.

A la table des logarithmes je joins le *tableau des valeurs symbo-liques* accompagnées de leurs logarithmes acoustiques. Il nous sera utile. Avant de l'employer et afin d'en tirer un parti intelligent, je dois ici m'écarter de ma route et faire quelques excursions sans but apparent.

J'ai *démontré* dans mes opuscules que pour diéser une note appartenant à une gamme d'un système musical quelconque, il faut abaisser d'un demi-ton majeur (a) la note qui la suit dans l'ordre diatonique de cette gamme, et que pour bémoliser une note il faut élever d'un demi-ton majeur celle qui la précède dans l'ordre diatonique. Il importe de se bien pénétrer de cette règle dont je ferai un continuel usage.

Ainsi, dans la gamme majeure d'*ut*, du log. de *mi*.    17,9628
on retranche le log. du demi-ton majeur...........    5,1953

le reste est le logarithme du *ré#*.................    12,7675

Au log. du *ré*...............................    8,4814
on ajoute le log. du demi-ton majeur..............    5,1953

la somme est le log. du *mi* bémol ou $mi_b$..........    13,6767

Ce $mi_b$ ou $13^c,6767$ n'est pas la tierce mineure de l'*ut* comme on le croit communément. La tierce mineure de l'*ut* est $\frac{6}{5}$, ou 14,6767, ou $mi_b^{c}$.

Du log. de *fa*.................................    23,1581
on retranche celui du demi-ton majeur.............    5,1953

   17,9628
le reste est le log. de *mi#* qui se confond avec le log. de *mi* naturel, puisque du *mi* au *fa* il y a l'intervalle d'un demi-ton majeur.

---

(a) J'entends ici par demi-ton majeur le plus petit des intervalles entre les notes consécutives de la gamme quelle qu'elle soit.

Au log. de *mi*. . . . . . . . . . . . . . . . . . . . . . . . . . . . . . . . . 17,9628

j'ajoute celui du demi-ton majeur. . . . . . . . . . . . . . . . . . 5,1953

la somme est le log. de *fa*♭. . . . . . . . . . . . . . . . . . . . . . 23,1581

Il se confond avec celui de *fa* parce que de *mi* à *fa*♭ il y a un demi ton majeur comme de *mi* à *fa*.

Selon qu'entre deux notes le ton est majeur ou mineur, on peut ajouter 4,2861 ou 3,2861 à la note grave pour avoir son dièse, ou retrancher de la note aiguë pour avoir son bémol. Avant de faire l'opération par cette marche indirecte, il faut donc avoir reconnu, par un calcul préalable, que le ton est majeur ou qu'il est mineur, ce qui peut être long et embarrassant, tandis que la règle logique donnée plus haut, et dont je me servirai toujours sans nouvel avertissement, est brève, invariable, commode et rigoureuse.

On remarquera, dans le tableau des valeurs symboliques, que la différence entre une note affectée d'un nombre de dièses ou de bémols, et la même note ayant un dièse ou un bémol de plus ou de moins, est toujours l'un ou l'autre des deux demi-tons mineurs. Cela doit être, car la différence entre une note naturelle et la même note diésée ou bémolisée une fois, est d'un demi-ton mineur ; or, une note diésée ou bémolisée un nombre quelconque de fois peut être considérée comme naturelle relativement à la même note diésée ou bémolisée une fois de plus.

Des auteurs commettent par tradition la grosse faute de ne pas distinguer entre le ton majeur et le ton mineur qui diffèrent d'un comma ; ils se servent invariablement du demi-ton mineur $\frac{25}{24}$ ou 3c,2861, soit pour diéser soit pour bémoliser une note. Comparons les résultats obtenus par le procédé faux et le procédé exact.

| A | *ut* | *ré* | *mi* | *fa* | *sol* | *la* |
|---|---|---|---|---|---|---|
| B | 0,0000 | 8,4814 | 17,9628 | 23,1581 | 32,6395 | 41,1209 |
| C | 19,7167 | 28,1981 | 37,6795 | 42,8748 | 52,3562 | 60,8376 |
| D | 22,7167 | 32,1981 | 41,6795 | 46,8748 | 55,3562 | 64,8376 |
| E | 3,0000 | 4,0000 | 4,0000 | 4,0000 | 3,0000 | 4,0000 |

**A.** Noms des notes

**B.** Distances en commas de l'*ut* à ces notes.

**C.** Les nombres de la ligne B augmentés de 19°,7167 ou 6 fois le demi-ton mineur 3,2861 ; ou les notes A diésées six fois selon la règle vicieuse usitée.

**D.** Valeurs vraies des notes A diésées six fois.

**E.** Différences entre les valeurs vraies et les valeurs fausses.

L'erreur est partout de 3 ou de 4 commas entiers, ou près d'un demi-ton, dont les résultats faux sont trop petits. Et si l'on fait un pareil calcul pour les notes bémolisées, l'erreur est aussi ou de 3 ou de 4 commas dont les faux résultats sont alors trop grands.

D'autres auteurs commettent une erreur bien autrement grave. Ils prétendent que pour diéser une note il faut l'élever d'un demi-ton majeur et que pour la bémoliser il faut l'abaisser de ce même demi-ton. A ce compte il faut effacer de toutes les musiques

$$mi\sharp \qquad si\sharp \qquad fa_\flat \qquad ut_\flat$$

et les remplacer respectivement par

$$fa \qquad ut \qquad mi \qquad si$$

Plus généralement, il faut remplacer dans toutes les gammes majeures :

La médiante accidentellement diésée, par la sous-dominante ;

La sous-dominante bémolisée, par la médiante ;

La sensible diésée, par la tonique ;

La tonique bémolisée, par la sensible.

De plus, il faut monter d'un degré sur la portée toute note diésée, et descendre d'un degré les notes bémolisées.

On ne peut insérer un dièse et un bémol qu'entre deux notes qui diffèrent d'un ton majeur ou mineur. Dans la gamme majeure d'*ut*, il n'y a ni dièse ni bémol possible à insérer entre deux notes qui diffèrent d'un demi-ton majeur comme de *mi* à *fa*, de *si* à 2*ut*. Si l'on applique la fausse règle ci-dessus, le *mi*♯ au lieu de se confondre avec le *mi* se confondra avec le *fa*, et le *fa*♭ au lieu de se confondre avec le *fa*, se confondra avec le *mi*.

Si on applique l'autre règle illogique usitée et enseignée presque partout, et qui consiste à élever le *mi* du demi-ton mineur $\frac{25}{24}$ ou 3°,2861, on aura 21°,2490 pour *mi*#, c'est-à-dire le *mi*# des gammes de *ut*#, *sol*#, *ré*#, *si*#..... et si on abaisse le *fa* de ce demi-ton mineur 3,2861, on aura 19°,8720 pour *fa*♭, c'est-à-dire le *fa*♭ de la gamme de *si*♭♭.

Mais ce n'est pas tout. En suivant cette règle absurde, il n'y a pas de raison pour exclure le demi-ton mineur $\frac{135}{128} = \frac{25}{24} \cdot \frac{81}{80}$ ; alors on trouvera entre le *mi* et le *fa* de la gamme d'*ut* le *mi*# des gammes de *fa*#, *la*#, *mi*#.... et le *fa*♭ des gammes de *ut*♭, *fa*♭, *mi*♭♭, *la*♭♭, *ré*♭♭.......

Ainsi donc, en se conformant aux règles enseignées, on trouverait entre le *mi* et le *fa* de la gamme d'*ut*, c'est-à-dire dans un intervalle où aucune note ne peut entrer, on trouverait, dis-je, deux *mi*# différents et deux *fa*♭ différents, indépendamment d'un *mi*# se confondant avec *fa* et d'un *fa*♭ se confondant avec *mi*.

Faisons ressortir encore l'absurdité et la contradiction dans les règles enseignées pour diéser et bémoliser.

L'*ut* diésé six fois a pour valeur exacte............ 22°,7168.
Selon une règle qui tend à se propager, il faudrait élever l'*ut* de six fois le demi-ton majeur 5,1953 ; ce qui donnerait 31,1718, quantité trop grande de 8°,4550 ou un ton mineur.

Ceux-là mêmes qui veulent qu'on diése une note en l'élevant d'un demi-ton majeur, veulent aussi qu'un *ut*, ou un *ré*, ou un *fa*, etc., diésé deux fois, soit un *ré*, ou un *mi*, ou un *sol*, etc. En suivant cette règle, l'*ut* diésé six fois se confondrait avec *fa*# dont la valeur exacte est de 27°,4442, quantité trop grande de 4°,7274.

Pour ceux qui n'admettent que la gamme du tempérament égal, l'*ut* diésé six fois est la moitié de l'octave 55,7976 ou 27°,8988, quantité trop grande de 5°,1820 ou un demi-ton majeur.

Selon la règle suivie dans les traités de physique et ailleurs, d'après Rameau, il faudrait augmenter *ut* de six fois le demi-ton mineur $\frac{25}{24}$ ou six fois 3°,2861 ; ce serait donc 19,7166, quantité trop faible de trois commas.

L'autre demi-ton mineur $\frac{135}{128}$ ayant les mêmes droits que $\frac{25}{24}$ donnerait un $ut^6\sharp$ de $25,7164$, quantité trop forte de trois commas.

On a donc ainsi pour $ut^6\sharp$, six valeurs différentes selon les auteurs que l'on consulte.

Voilà où mènent les fausses théories, toutes présentées comme infaillibles et accompagnées de critiques passionnées contre les géomètres et les physiciens, la seule chose sur laquelle les écrivains soient d'accord.

Je vais maintenant entrer dans les détails d'une instruction élémentaire sur l'usage qu'on peut faire des deux tables dans les divers cas qui peuvent se présenter et sur la manière d'interpréter les résultats.

Toute note dont la valeur symbolique est comprise entre $1$ et $2$ appartient à la première gamme montante, à la gamme qui commence par $ut = 1$ et finit par $si = \frac{15}{8}$. L'$ut$ octave ou $2$ *commence* la seconde gamme montante et toute note dont la valeur symbolique est comprise entre $2$ et $4$, appartient à cette deuxième gamme montante. Par exemple, la note dont la valeur symbolique est $2 \times \frac{5}{3}$ est un *la* qui appartient à la seconde gamme montante. Convenons de représenter cette note par $2la$, le chiffre $2$ rappelant que la note *la* appartient à la deuxième gamme. Si une note appartient à la troisième gamme, à la quatrième, à la cinquième..... elle aura devant son nom le chiffre $3$, ou $4$, ou $5$.... Ainsi $7ré$ indique un *ré* qui appartient à la septième gamme : ce sera une note plus aiguë que $7ut$, mais plus grave que $8ut$, car $8ut$ commence la huitième gamme montante. Il est inutile d'écrire le chiffre $1$ vis-à-vis d'une note de la première gamme ; ainsi *fa* est la même chose que $1fa$, et appartient à la première gamme : c'est une note plus aiguë que l'$ut$ de départ, et plus grave que $2ut$ qui commence la deuxième gamme.

Les calculs d'acoustique musicale sont souvent longs et compliqués quand on veut les faire par les valeurs symboliques ; nous avons pu voir déjà qu'au contraire ils sont rapides et faciles quand on se sert des intervalles exprimés en commas. En conséquence, nos calculs seront faits par *logarithmes*, c'est-à-dire sur les valeurs en commas des notes que nous aurons à combiner.

Je répète donc dans le langage logarithmique ce que j'ai dit tout-à-l'heure :

Toute note dont le logarithme est compris entre 0 et 55,7976 appartient à la première gamme montante. Ce nombre 55,7976 ou 55 commas et $^3/_4$ est le logarithme de l'*ut* octave aiguë de l'*ut zéro* de départ. Il commence la deuxième gamme montante. Le nombre de commas de l'*ut* qui commence la troisième gamme est double de 55,7976, c'est donc 111,5952 et toute note qui aura pour valeur en commas un nombre compris entre 55,7976 et 111,5952 appartiendra de fait à la deuxième gamme. Pour conserver le souvenir de cette circonstance, nous ferons comme tout-à-l'heure, nous ferons précéder du chiffre 2 le nom de cette note.

Ecrivons ici, pour faciliter les calculs à venir, la série des *ut* successifs avec leur valeur en commas.

| | | | |
|---|---|---|---|
| *ut* | 0,00000 0000 | 11*ut* | 557,9763 0484 |
| 2*ut* | 55,7976 3048 | 12*ut* | 613,7739 3532 |
| 3*ut* | 111,5952 6097 | 13*ut* | 669,5715 6581 |
| 4*ut* | 167,3928 9145 | 14*ut* | 725,3691 9629 |
| 5*ut* | 223,1905 2194 | 15*ut* | 781,1668 2678 |
| 6*ut* | 278,9881 5242 | 16*ut* | 836,9644 5726 |
| 7*ut* | 334,7857 8290 | 17*ut* | 892,7620 8774 |
| 8*ut* | 390,5834 1339 | 18*ut* | 948,5597 1823 |
| 9*ut* | 446,3810 4387 | 19*ut* | 1004,3573 4871 |
| 10*ut* | 502,1786 7436 | 20*ut* | 1060,1549 7920 |

On comprend de suite que toute note dont la valeur en commas est comprise entre 334,7858 et 390,5834 est plus aiguë que 7*ut* et plus grave que 8*ut* : cette note appartient donc à la septième gamme montante qui commence par 7*ut*. Si c'est un *sol* on devra écrire 7*sol*.

Veut-on savoir maintenant quelle note est représentée par 190,9279 7293? On voit tout d'abord, par la série des *ut*, que cette note appartient à la quatrième gamme montante, puisque son logarithme est compris entre celui de 4*ut* et celui de 5*ut*. Quelle qu'elle soit, il y en a une du même nom et à la même place dans chaque gamme, et partout elle est à la même distance au-dessus de l'*ut* qui commence la gamme où elle est. Si donc on retranche 4*ut* ou 167,3928 9145 de 190,9279 7293 on aura 23,5350 8148 pour l'intervalle de l'*ut* de départ à la note cherchée dans la première gamme. Je cherche ce nombre parmi ceux du tableau des valeurs symboliques ; je trouve 25,5350 8148 vis-à-vis du *mi* double dièse, donc la note cherchée, commune à toutes les gammes, est un *mi*♯♯ abaissé de deux commas, c'est $mi^{♯♯}_{cc}$. Je sais d'ailleurs que la note cherchée appartient à la quatrième gamme, c'est donc, en définitive, 4 $mi^{♯♯}_{cc}$.

On voit par ces détails que le logarithme d'une note étant donné, il faut en retrancher celui de l'*ut* immédiatement inférieur et chercher le reste dans le tableau des valeurs symboliques ; à côté on trouvera le nom de la note et sa valeur symbolique. En avant de ce nom on écrira le numéro de la gamme à laquelle la note appartient.

On demande la valeur en commas, ou le logarithme acoustique, de 6$la^{cc}_{♭♭♭}$. A côté de $la_{3♭}$ dans le tableau je trouve 29,2625 4900 ; donc le logarithme de $la^{2c}_{3♭}$ est 31,2562 4900. Il n'y a plus qu'à ajouter le log. de 6*ut* ou 278,9881 5242 , la somme 310,2507 0142 sera la réponse.

Avant de conclure qu'un résultat obtenu ne se trouve pas dans le tableau des valeurs symboliques, on l'augmentera de 55,7976 3048 et l'on cherchera la somme parmi les nombres qui dépassent 55,7976 3048.

Un résultat n'est qu'approché et n'est pas censé dans le tableau s'il y a une différence d'une unité ou plus sur le quatrième chiffre décimal, lorsqu'on a opéré avec les 8 chiffres décimaux.

Si exercé, si habile que soit un praticien, il serait à coup sûr fort embarrassé s'il avait à dire quelles sont *exactement* les notes successives par lesquelles on passe en partant d'*ut* et en s'élevant continuellement d'une sixte majeure. C'est l'affaire d'un instant pour le musicien calculateur. On ajoute continuellement à lui-même le logarithme 41,1209 3390 de la sixte majeure *la*. Dans le tableau ci-dessous on n'a poussé l'opération, dans la première colonne, que jusqu'à dix. Ces nombres sont les logarithmes des notes demandées.

*Progression ascendante par intervalles successifs de sixte majeure :*

| 41,1209 | 3390 | 41,1209 | 3390 | *la* | *la* |
|---|---|---|---|---|---|
| 82,2118 | 6780 | 26,4442 | 3732 | 2 $fa^{\#}_{c}$ | *fa*# |
| 123,3628 | 0170 | 11,7675 | 4073 | 3 $re^{\#}_{c}$ | *re*# |
| 164,4837 | 3560 | 52,8884 | 7463 | 3 $si^{\#}_{c}$ | *si*# |
| 205,6046 | 6950 | 38,2117 | 7805 | 4 $sol^{2\#}_{2c}$ | *la*♭ |
| 246,7256 | 0340 | 23,5350 | 8146 | 5 $mi^{2\#}_{2c}$ | *fa* |
| 287,8465 | 3730 | 8,8583 | 8488 | 6 $ut^{3\#}_{3c}$ | *ré* |
| 328,9674 | 7120 | 49,9793 | 1878 | 6 $la^{3\#}_{3c}$ | *si* |
| 370,0884 | 0510 | 35,3026 | 2220 | 7 $fa^{4\#}_{3c}$ | *sol*# |
| 411,2093 | 3900 | 20,6259 | 2561 | 8 $ré^{4\#}_{4c}$ | *fa*♭ |

On opère sur les nombres de la première colonne comme nous l'avons dit et comme nous allons le faire pour un seul, le septième, par exemple. J'en retranche le logarithme de 6*ut ;* et le reste 8,8583 8488, inscrit dans la deuxième colonne, est cherché dans le tableau des valeurs symboliques. On trouve 11,8583 8490 vis-à-vis de *ut*³#. La note cherchée est donc *ut* ³# abaissée de trois commas, c'est $ut^{3\#}_{3c}$. Or, d'après le nombre 287,8462 3730, cette note est comprise entre 6*ut* et 7*ut*. C'est donc $6ut^{\#\#\#}_{ccc}$, comme on l'a écrit dans la troisième colonne.

Les notes exactes de cette colonne sont d'une exécution presque impossible dans la pratique, même en les ramenant dans la première gamme. J'ai mis dans la quatrième colonne les notes praticables qui approchent le plus des véritables lorsqu'elles sont descendues dans la première gamme.

Il serait également impossible d'indiquer exactement les notes par lesquelles on passe en s'élevant continuellement au-dessus d'*ut* ( ou de tout autre note), de l'intervalle du triton.

J'ai reconnu par l'expérience directe *(a)* que la valeur symbolique du triton est $\frac{25}{18}$ comme le voulait Rameau, et non $\frac{45}{32}$ comme on le suppose ordinairement, et comme l'indiquait en 1639 le jésuite Parran dans son traité de musique *(b)*. L'intervalle en commas de l'*ut* au triton $fa_c^\sharp$ est donc 26,4442 3732. Opérant avec cette valeur comme on vient de le faire avec celle de la sixte majeure on trouvera les notes suivantes :

$$fa_c^\sharp \quad si_c^\sharp \quad 2mi_{cc}^{\sharp\sharp} \quad 2la_{3c}^{3\sharp} \quad 3ré_{4c}^{4\sharp} \quad 3sol_{5c}^{5\sharp} \quad 4ut_{5c}^{6\sharp}$$

mais on ne pourra pas aller plus loin parce que mon tableau incomplet des valeurs symboliques s'arrête aux notes diésées six fois.

Les notes ci-dessus sont d'une exécution pratique impossible, même en les descendant dans la première gamme. Voici celles qui, dans la première gamme, en approchent le plus

$$fa^\sharp \quad si^\sharp \quad fa \quad ut_\flat \quad mi^\sharp \quad si_\flat \quad mi.$$

Proposons nous encore de trouver les notes par lesquelles on passe en s'élevant au-dessus d'*ut*, d'abord d'une tierce majeure, puis d'une tierce mineure au-dessus du résultat, puis d'une tierce majeure, d'une tierce mineure, et ainsi de suite.

Il faut donc à la valeur zéro de l'*ut*, ajouter celle 17,9628 2488 de la tierce majeure, puis celle 14,6766 9658 de la tierce mineure etc. Cela donnera la première colonne du tableau suivant :

| | | | | |
|---|---|---|---|---|
| 17,9628 | 2488 | | | *mi* |
| 32,6395 | 2146 | | | *sol* |
| 50,6023 | 4634 | | | *si* |
| 65,2790 | 4292 | 9,4814 | 1244 | $2ré^c$ |
| 83,2418 | 6780 | 27,4442 | 2732 | $2fa^\sharp$ |
| 97,9185 | 6438 | 42,1209 | 3390 | $2la^c$ |
| 115,8813 | 8926 | 4,2861 | 2829 | $3ut^{\sharp c}$ |
| 130,5580 | 8584 | 18,9628 | 2487 | $3mi^c$ |
| 148,5209 | 1072 | 36,9256 | 4975 | $3sol^{\sharp c}$ |
| 163,1976 | 0730 | 54,6023 | 4633 | $3si^c$ |
| etc. | | etc. | | etc. |

*(a) Considérations sur l'acoustique musicale.* Société de Lille. Année 1855.
*(b)* Voir sur ce livre une note à la fin.

Les nombres de cette première colonne sont les logarithmes des notes demandées. Il faut maintenant descendre ces logarithmes dans la première gamme pour les trouver parmi ceux du tableau des valeurs symboliques. On retranche donc des nombres de cette première colonne les valeurs des *ut* immédiatement inférieurs. Les restes formant la deuxième colonne sont cherchés dans le tableau, et l'on a mis dans la troisième colonne les notes correspondantes.

Les notes de cette troisième colonne sont fort simples, mais elles se compliquent de plus en plus à mesure qu'on pousse plus loin l'opération. Nous reviendrons sur cette série de tierces alternativement majeures et mineures.

Par quelles notes passe-t-on successivement quand on s'élève d'un demi-ton majeur au-dessus d'*ut*, puis d'un ton mineur au-dessus du résultat ; puis d'un ton majeur au-dessus du résultat ; puis d'une tierce mineure, d'une tierce majeure, d'une quarte, d'une sixte mineure, d'une sixte majeure et enfin d'une septième ?

Au logarithme zéro de l'*ut* de départ, on ajoute ceux des intervalles indiqués ; des sommes successives on retranche le logarithme de l'*ut* inférieur et l'on cherche les restes parmi les logarithmes dans le tableau des valeurs symboliques. A côté se trouveront les notes suivantes :

$$ré_\flat \quad mi_\flat \quad fa \quad la_\flat \quad 2ut \quad 2fa \quad 3ut \quad 3la_{\flat c} \quad 4fa_c \quad 5mi_c$$

Le lecteur peu exercé fera bien d'exécuter les calculs qui conduisent à ces notes. Je lui propose encore, comme exercice, de retrouver les logarithmes des notes renfermées dans les deux tableaux suivants :

PROGRESSION ASCENDANTE PAR INTERVALLES SUCCESSIFS DE :

| Demi-ton. $\frac{16}{15}$ | Seconde mineure. $\frac{10}{9}$ | Seconde majeure. $\frac{8}{9}$ | Tierce mineure. $\frac{6}{5}$ | Tierce majeure. $\frac{5}{4}$ | Quarte. $\frac{4}{3}$ | Quinte. $\frac{3}{2}$ | Sixte mineure. $\frac{8}{5}$ | Sixte majeure. $\frac{5}{3}$ | Septième. $\frac{15}{8}$ |
|---|---|---|---|---|---|---|---|---|---|
| ré$_b$ | ré | ré$^c$ | mi$_b^c$ | mi | fa | sol | la$_b$ | la | si |
| mi$_{2b}$ | mi$_c$ | mi$^c$ | sol$_b^c$ | sol# | si$_b$ | 2 ré$^c$ | 2 fa$_b^c$ | 2 fa$_c^{\#}$ | 2 la# |
| fa$_{2b}$ | fa#$_{2c}$ | fa#$^c$ | si$_{2b}^c$ | si# | 2 mi$_b$ | 2 la$^c$ | 2 ré$_{2b}^c$ | 3 ré# | 3 sol$^{2\#}$ |
| sol$_{3b}$ | sol#$_{2c}$ | sol$^{\#2c}$ | 2 ré$_{2b}^{2c}$ | 2 ré$_c^{2\#}$ | 2 la$_{bc}$ | 2 mi$^c$ | 3 si$_{2b}^c$ | 3 si$_c^{\#}$ | 4 fa$^{3\#}$ |
| la$_{4b}$ | la#$_{3c}$ | la$^{\#2c}$ | 2 fa$_{2b}^{2c}$ | 2 fa$_c^{3\#}$ | 3 ré$_{bc}$ | 2 si$^c$ | 4 sol$_{3b}^c$ | 4 sol$_{2c}^{2\#}$ | 5 mi$^{3\#}$ |
| si$_{5b}$ | si#$_{3c}$ | si$^{\#3c}$ | 2 la$_{3b}^{3c}$ | 2 la$_c^{3\#}$ | 3 sol$_{bc}$ | 4 fa#$^c$ | 5 mi$_{4b}^c$ | 5 mi$_{2c}^{2\#}$ | 6 ré$^{4\#}$ |
| 2 ut$_{5b}$ | 2 ut$_{4c}^{2\#}$ | 2 ut$^{2\#4c}$ | 2 ut$_{3b}^{3c}$ | 3 ut$_c^{4\#}$ | 3 ut$_{bc}$ | 5 ut$^{\#2c}$ | 5 ut$_{4b}^{2c}$ | 6 ut$_{3c}^{3\#}$ | 7 ut$^{5\#}$ |
| 2 ré$_{6b}$ | 2 ré$_{5c}^{2\#}$ | 2 ré$^{2\#3c}$ | 3 mi$_{4b}^{3c}$ | 3 mi$_c^{4\#}$ | 4 fa$_{bc}$ | 5 sol$^{\#2c}$ | 6 la$_{5b}^{2c}$ | 6 la$_{3c}^{3\#}$ | 8 si$^{5\#}$ |
|  | 2 mi$_{5c}^{2\#}$ | 2 mi$^{2\#4c}$ | 3 sol$_{4b}^{4c}$ | 3 sol$_{2c}^{5\#}$ | 4 si$_{2b2c}$ | 6 ré$^{\#2c}$ | 7 fa$_{5b}^{2c}$ | 7 fa$_{3c}^{2\#}$ | 8 la$^{6\#}$ |
|  | 2 fa$_{6c}^{2\#}$ | 2 fa$^{3\#4c}$ | 3 si$_{4b}^{4c}$ | 4 si$_{2c}^{5\#}$ | 5 mi$_{2b2c}$ | 6 la$^{\#2c}$ | 7 ré$_{6b}^{2c}$ | 8 ré$_{4c}^{4\#}$ |  |

| Note. | Tierce mineure. $\frac{6}{5}$ | Tierce majeure. $\frac{5}{4}$ | Quarte. $\frac{4}{3}$ | Quinte. $\frac{3}{\times}$ | Sixte mineure. $\frac{8}{5}$ | Sixte majeure. $\frac{5}{3}$ |
|---|---|---|---|---|---|---|
| ut | $mi^{c}_{\flat}$ | mi | fa | sol | $la_{\flat}$ | la |
| ré | fa | $fa^{\sharp}_{c}$ | $sol_{c}$ | la | $si_{\flat}$ | $si_{c}$ |
| mi | sol | $sol^{\sharp}$ | la | si | 2 ut | 2 $ut^{\sharp}$ |
| fa | $la_{\flat}$ | la | $si_{\flat}$ | 2 ut | 2 $ré_{\flat}$ | 2 ré |
| sol | $si^{c}_{\flat}$ | si | 2 ut | 2 $ré^{c}$ | 2 $mi^{c}_{\flat}$ | 2 mi |
| la | 2 ut | 2 $ut^{\sharp}$ | 2 ré | 2 mi | 2 fa | 2 $fa^{\sharp}_{c}$ |
| si | 2 $ré^{c}$ | 2 $ré^{\sharp}$ | 2 mi | 2 $fa^{\sharp}$ | 2 sol | 2 $sol^{\sharp}$ |
| $ut^{\sharp}$ | mi | $mi^{\sharp}_{c}$ | $fa^{\sharp}_{c}$ | $sol^{\sharp}$ | la | $la^{\sharp}_{c}$ |
| $ré^{\sharp}$ | $fa^{\sharp}$ | $fa^{2\sharp}$ | $sol^{\sharp}$ | $la^{\sharp}$ | si | $si^{\sharp}$ |
| $mi^{\sharp}$ | $sol^{\sharp c}$ | $sol^{2\sharp}$ | $la^{\sharp}$ | $si^{\sharp c}$ | 2 $ut^{\sharp c}$ | 2 $ut^{2\sharp}$ |
| $fa^{\sharp}$ | $la^{c}$ | $la^{\sharp}$ | si | 2 $ut^{\sharp c}$ | 2 $ré^{c}$ | 2 $ré^{\sharp}$ |
| $sol^{\sharp}$ | si | $si^{\sharp}$ | 2 $ut^{\sharp}$ | 2 $ré^{\sharp}$ | 2 mi | 2 $mi^{\sharp}_{c}$ |
| $la^{\sharp}$ | 2 $ut^{\sharp c}$ | 2 $ut^{2\sharp}$ | 2 $ré^{\sharp}$ | 2 $mi^{\sharp}$ | 2 $fa^{\sharp}$ | 2 $fa^{2\sharp}$ |
| $si^{\sharp}$ | 2 $ré^{\sharp}$ | 2 $ré^{2\sharp}_{c}$ | 2 $mi^{\sharp}_{c}$ | 2 $fa^{2\sharp}$ | 2 $sol^{\sharp}$ | 2 $sol^{\sharp\sharp}_{c}$ |
| 2 $ut_{\flat}$ | 2 $mi_{2\flat}$ | 2 $mi_{\flat}$ | 2 $fa_{\flat}$ | 2 $sol_{\flat}$ | 2 $la_{2\flat}$ | 2 $la_{\flat c}$ |
| $ré_{\flat}$ | $fa^{c}_{\flat}$ | fa | $sol_{\flat}$ | $la_{\flat}$ | $si_{2\flat}$ | $si_{\flat}$ |
| $mi_{\flat}$ | $sol_{\flat}$ | $sol_{c}$ | $la_{\flat c}$ | $si_{\flat}$ | 2 $ut_{\flat}$ | 2 $ut_{c}$ |
| $fa_{\flat}$ | $la_{2\flat}$ | $la_{\flat c}$ | $si_{2\flat c}$ | 2 $ut_{\flat}$ | 2 $ré_{2\flat}$ | 2 $ré_{\flat c}$ |
| $sol_{\flat}$ | $si_{2\flat}$ | $si_{\flat}$ | 2 $ut_{\flat}$ | 2 $ré_{\flat}$ | 2 $mi_{2\flat}$ | 2 $mi_{\flat}$ |
| $la_{\flat}$ | 2 $ut^{c}_{\flat}$ | 2 ut | 2 $ré_{\flat}$ | 2 $mi^{c}_{\flat}$ | 2 $fa^{c}_{\flat}$ | 2 fa |
| $si_{\flat}$ | 2 $ré_{\flat}$ | 2 ré | 2 $mi_{\flat}$ | 2 fa | 2 $sol_{\flat}$ | 2 sol |

Jusqu'ici nous n'avons considéré que des gammes montantes. Les gammes descendantes se traitent à peu près de la même manière ; il y a seulement des précautions à prendre , une convention à faire, pour éviter la confusion.

Parlons d'abord des *ut* successifs au-dessous de l'*ut* de départ. On les distinguera des *ut* ascendants par un signe quelconque. Ce qu'il y a de plus commode est un simple trait , le signe — mis en avant. Ainsi en descendant d'octave en octave , on écrira —2*ut* , —3*ut* , —4*ut*, —*ut* , etc., et on prononcera : moins 2*ut* , moins 3*ut* , etc. Les logarithmes ou intervalles en commas restent également les mêmes, et l'on écrit —55,7976 pour représenter —2*ut* , c'est-à-dire l'*ut* qui commence , en allant du grave à l'aigu, la deuxième gamme descendante. On écrit de même —111,5953 pour la valeur en commas de —3*ut*, de l'*ut* qui commence la troisième gamme descendante , et ainsi de suite. Les notes comprises entre les *ut* de ces gammes et leurs logarithmes divers sont également précédés du signe —, toujours pour éviter la confusion.

Proposons nous de trouver la note dont le logarithme est —195,8371. Le signe — m'annonce que la note appartient à l'une des gammes descendantes. Le chiffre —195 , compris entre les valeurs de —4*ut* et —5*ut*, indique que la note cherchée appartient à la quatrième gamme, celle qui , en descendant depuis l'*ut* de départ , commence par —4*ut*, et va, en montant, de —4*ut* à —3*ut*.

Remarquons encore ici que la note à découvrir, quelle qu'elle soit , a sa pareille, je veux dire son homonyme , dans toutes les gammes montantes ou descendantes. Elle est dans la première gamme montante autant au-dessus de l'*ut* de départ qu'elle est, *en montant*, au-dessus de —5 *ut* dans la quatrième gamme descendante. Donc pour avoir son logarithme dans la première gamme montante, il n'y a qu'à prendre la différence entre —223,1905 pris dans la série des *ut* et —195,8371. C'est —27,3534 qui , dans le tableau des valeurs symboliques, répond à *sol*$_\flat^c$. La note cherchée est donc —4*sol*$_\flat^c$.

On opère de même dans tous les cas pareils. Par conséquent pour trouver la note représentée par un logarithme précédé du signe —, il faut retrancher ce logarithme de celui immédiatement supérieur dans la série des *ut*. Le reste cherché dans le tableau des valeurs symboliques fera trouver la note qu'il faudra faire précéder du numéro de la gamme et du signe —.

Proposons nous maintenant de trouver en commas l'intervalle de l'*ut* de départ, à la note —8*ré*##∘∘, c'est-à-dire de trouver le logarithme de —8*ré*##∘∘. Le logarithme cherché sera compris entre celui — 390,5834 (de —8*ut*) et celui — 446,3810 (de —9*ut*). Dans la première gamme montante, le *ré*##∘∘ a pour logarithme 19,0537. Or, ce *ré*##∘∘ est autant au-dessus d'*ut* que —8*ré*##∘∘ est, *en montant*, au-dessus de —9*ut*, ou de —446,3810 ; donc en diminuant — 446,3810 de 19,0537 on aura — 427,3273 pour le logarithme de —8*ré*##∘∘.

Après ce qui a été dit, il suffira d'un exemple sur les gammes descendantes. On demande quelles sont les notes successives qu'on obtient en descendant d'abord d'une tierce mineure au-dessous d'*ut*, puis d'une tierce majeure au-dessous du résultat, puis, et continuellement, d'une tierce mineure, d'une tierce majeure, etc.

Au logarithme — 14,6767 de la tierce mineure, on ajoute celui — 17,9628 de la tierce majeure, puis au résultat, le log. de la tierce mineure, etc. Les sommes successives forment la première colonne du tableau ci-dessous.

| | | |
|---|---|---|
| — 14,6767 | — 41,1209 | — *la* |
| — 32,6395 | — 23,1581 | — *fa* |
| — 47,3162 | — 8,4814 | — *ré* |
| — 65,2790 | — 46,3163 | — 2*si*$_b$ |
| — 79,9557 | — 31,6396 | — 2*sol*$_c$ |
| — 97,9185 | — 13,6768 | — 2*mi*$_b$ |
| — 112,5952 | — 54,7977 | — 3*ut*$_c$ |
| — 130,5580 | — 36,8349 | — 3*la*$_{bc}$ |
| — 145,2347 | — 22,1582 | — 3*fa*$_c$ |
| — 163,1975 | — 4,1954 | — 3*ré*$_{bc}$ |
| etc. | etc. | etc. |

Les nombres de cette première colonne ( qu'on peut prolonger indéfiniment ) , sont retranchés de ceux des nombres immédiatement
plus élevés dans la série des *ut*. Les restes, formant la deuxième
colonne, sont cherchés dans le tableau des valeurs symboliques , et
l'on trouve à côté les notes inscrites dans la troisième colonne. Il n'y
a plus qu'à faire précéder ces noms du numéro de la gamme et du
signe —.

Je reprends maintenant les deux séries de tierces alternatives pour
n'en faire qu'une seule par leur réunion :

$$\ldots -3ut_c \; -2mi_\flat \; -2sol_c \; -2si_\flat \; -ré \; -fa \; -la \; ut \; sol \; si \; 2ré^c \; 2fa^\sharp \; 2la^o \; 3ut^{\sharp c} \; 3mi^c \ldots$$

et je la prolonge indéfiniment à droite et à gauche de l'*ut*. En lisant
de gauche à droite, à partir d'une note quelconque , on monte du
grave à l'aigu , par conséquent en lisant de droite à gauche on va de
l'aigu au grave.

Dans le tableau suivant, où cette série de notes est censée prolongée
tant à droite qu'à gauche , pour lire en montant du grave à l'aigu ,
on peut partir, par exemple, du N.º d'ordre —60 , remonter la
colonne jusqu'à —30 , reprendre à —30 et remonter jusqu'à zéro ,
puis pour continuer d'aller du grave à l'aigu, descendre les N.ᵒˢ
d'ordre 1, 2, 3, 4.... 30 , reprendre à 30 , 31 , 32... jusqu'à 60.
En un mot, ce tableau remplace une longue ligne horizontale sur
laquelle les notes seraient écrites, en commencent à gauche par
$-18si_{\flat 6c}$ et finissant à droite par $18re^{4\sharp 6c}$.

| N.os d'ordre. | NOTES. | N.os d'ordre. | NOTES. | N.os d'ordre. | NOTES. | N.os d'ordre. | NOTES. |
|---|---|---|---|---|---|---|---|
| —30 | — 9 fa$_{2\flat 3c}$ | 0 | ut | 0 | ut | 30 | 9 sol$^{2\#3c}$ |
| —31 | —10 ré$_{2\flat 3c}$ | — 1 | — la | 1 | mi | 31 | 9 si$^{2\#3c}$ |
| —32 | —10 si$_{3\flat 3c}$ | — 2 | — fa | 2 | sol | 32 | 10 ré$^{2\#3c}$ |
| —33 | —10 sol$_{2\flat 3c}$ | — 3 | — ré | 3 | si | 33 | 10 fa$^{3\#3c}$ |
| —34 | —10 mi$_{3\flat 3c}$ | — 4 | —2 si$_\flat$ | 4 | 2 ré$^c$ | 34 | 10 la$^{2\#3c}$ |
| —35 | —11 ut$_{2\flat 4c}$ | — 5 | —2 sol$_c$ | 5 | 2 fa$^\#$ | 35 | 11 ut$^{3\#3c}$ |
| —36 | —11 la$_{3\flat 3c}$ | — 6 | —2 mi$_\flat$ | 6 | 2 la$^c$ | 36 | 11 mi$^{2\#4c}$ |
| —37 | —11 fa$_{2\flat 4c}$ | — 7 | —3 ut$_c$ | 7 | 3 ut$^{\#c}$ | 37 | 11 sol$^{3\#4c}$ |
| —38 | —12 ré$_{3\flat 4c}$ | — 8 | —3 la$_{\flat c}$ | 8 | 3 mi$^c$ | 38 | 11 si$^{2\#4c}$ |
| —39 | —12 si$_{3\flat 4c}$ | — 9 | —3 fa$_c$ | 9 | 3 sol$^{\#c}$ | 39 | 12 ré$^{3\#4c}$ |
| —40 | —12 sol$_{3\flat 4c}$ | —10 | —3 ré$_{\flat c}$ | 10 | 3 si$^c$ | 40 | 12 fa$^{3\#4c}$ |
| —41 | —12 mi$_{3\flat 4c}$ | —11 | —4 si$_{\flat c}$ | 11 | 4 ré$^{\#c}$ | 41 | 12 la$^{3\#4c}$ |
| —42 | —13 ut$_{3\flat 4c}$ | —12 | —4 sol$_{\flat c}$ | 12 | 4 fa$^{\#c}$ | 42 | 13 ut$^{3\#4c}$ |
| —43 | —13 la$_{3\flat 4c}$ | —13 | —4 mi$_{\flat c}$ | 13 | 4 la$^{\#c}$ | 43 | 13 mi$^{3\#4c}$ |
| —44 | —13 fa$_{3\flat 4c}$ | —14 | —5 ut$_{\flat c}$ | 14 | 5 ut$^{\#2c}$ | 44 | 13 sol$^{3\#5c}$ |
| —45 | —14 ré$_{3\flat 5c}$ | —15 | —5 la$_{\flat 2c}$ | 15 | 5 mi$^{\#c}$ | 45 | 13 si$^{3\#5c}$ |
| —46 | —14 si$_{4\flat 4c}$ | —16 | —5 fa$_{\flat c}$ | 16 | 5 sol$^{\#2c}$ | 46 | 14 ré$^{3\#5c}$ |
| —47 | —14 sol$_{3\flat 5c}$ | —17 | —5 ré$_{\flat 2c}$ | 17 | 5 si$^{\#2c}$ | 47 | 14 fa$^{4\#5c}$ |
| —48 | —14 mi$_{3\flat 5c}$ | —18 | —6 si$_{2\flat 2c}$ | 18 | 6 ré$^{\#2c}$ | 48 | 14 la$^{3\#5c}$ |
| —49 | —15 ut$_{3\flat 5c}$ | —19 | —6 sol$_{\flat 2c}$ | 19 | 6 fa$^{2\#2c}$ | 49 | 15 ut$^{4\#5c}$ |
| —50 | —15 la$_{4\flat 5c}$ | —20 | —6 mi$_{2\flat 2c}$ | 20 | 6 la$^{\#2c}$ | 50 | 15 mi$^{3\#5c}$ |
| —51 | —15 fa$_{3\flat 5c}$ | —21 | —7 ut$_{\flat 2c}$ | 21 | 7 ut$^{2\#2c}$ | 51 | 15 sol$^{4\#5c}$ |
| —52 | —16 re$_{4\flat 5c}$ | —22 | —7 la$_{2\flat 2c}$ | 22 | 7 mi$^{\#2c}$ | 52 | 15 si$^{3\#5c}$ |
| —53 | —16 si$_{4\flat 5c}$ | —23 | —7 fa$_{\flat 2c}$ | 23 | 7 sol$^{2\#2c}$ | 53 | 16 ré$^{4\#5c}$ |
| —54 | —16 sol$_{4\flat 5c}$ | —24 | —8 ré$_{2\flat 2c}$ | 24 | 7 si$^{\#3c}$ | 54 | 16 fa$^{4\#6c}$ |
| —55 | —16 mi$_{4\flat 6c}$ | —25 | —8 si$_{2\flat 3c}$ | 25 | 8 ré$^{2\#2c}$ | 55 | 16 la$^{4\#5c}$ |
| —56 | —17 ut$_{4\flat 5c}$ | —26 | —8 sol$_{2\flat 2c}$ | 26 | 8 fa$^{2\#3c}$ | 56 | 17 ut$^{4\#6c}$ |
| —57 | —17 la$_{4\flat 6c}$ | —27 | —8 mi$_{2\flat 3c}$ | 27 | 8 la$^{2\#3c}$ | 57 | 17 mi$^{4\#6c}$ |
| —58 | —17 fa$_{4\flat 6c}$ | —28 | —9 ut$_{2\flat 3c}$ | 28 | 9 ut$^{2\#3c}$ | 58 | 17 sol$^{4\#6c}$ |
| —59 | —18 ré$_{4\flat 6c}$ | —29 | —9 la$_{2\flat 3c}$ | 29 | 9 mi$^{2\#3c}$ | 59 | 17 si$^{4\#6c}$ |
| —60 | —18 si$_{5\flat 6c}$ | —30 | —9 fa$_{2\flat 3c}$ | 30 | 9 sol$^{2\#3c}$ | 60 | 18 ré$^{4\#6c}$ |
| etc. | etc. | | | | | etc. | etc. |

— 43 —

Il y a quelques remarques à faire sur ce tableau.

A droite de l'*ut*, et allant en montant, les notes de numéros pairs, 2, 4, 6, 8...... savoir *sol*, 2 ré, 2 la$^c$, 3 mi$^c$, 3 si$^c$..... forment une série de quintes. Arrivé au N.$^o$ 24, c'est-à-dire à la douzième quinte, on tombe sur la note $7si^{\#3c}$ qui appartient à la septième gamme montante et qui a pour logarithme 391,6742, lequel n'excède celui 390,5834 de 8ut, que de 1$^c$,0908. Donc la douzième quinte de l'*ut* est plus aiguë que la huitième octave de l'*ut*, de 1 comma et 9 centièmes. La note $si^{\#3c}$ est donc presque un *ut*.

A gauche de l'*ut* de départ, et allant de l'aigu au grave, toutes les notes marquées d'un numéro pair sont aussi des quintes descendantes de l'*ut*. De ce côté aussi la note $-8ré_{\flat\flat cc}$, marquée du N.$^o$ —24, est la douzième quinte descendante de l'*ut* ; et cette note, dont le logarithme est —391,6742, ne diffère également du huitième *ut* grave que de 1$^c$,0908.

Les premières quintes en montant à droite de l'*ut*, savoir *ut*, *sol*, *ré*$^c$, *la*$^c$, sont rendues par les 4 cordes à vide du violoncelle soigneusement accordé, et les notes *ré*$^c$ et *la*$^c$ sont plus aiguës d'un comma que le *ré* et le *la* de la gamme d'*ut*, comme on l'a constaté par l'expérience directe(*a*). S'il y avait sur le violoncelle une cinquième et une sixième corde à l'aigu, elles sonneraient à vide un *mi*$^c$ et un *si*$^c$ plus aigus d'un comma que le *mi* et le *si* de la gamme d'*ut*.

Que l'on prenne où l'on voudra dans le tableau sept notes consécutives dont la première ou la dernière soit marquée d'un numéro impair, ces notes constitueront une gamme majeure.

Soit, par exemple, les notes numérotées

21     22     23     24     25     26     27

c'est-à-dire $ut^{2\#2c}$   $mi^{\#2c}$   $sol^{2\#2c}$   $si^{\#3c}$   $ré^{2\#2c}$   $fa^{2\#3c}$   $la^{2\#3c}$.

Ces notes conserveront entre elles les mêmes rapports si on les abaisse toutes de 3 commas, ce qui les ramène à

$ut_c^{2\#}$   $mi_c^{\#}$   $sol_c^{2\#}$   $si^{\#}$   $ré_c^{2\#}$   $fa^{2\#}$   $la^{2\#}$.

---

(*a*) Voir la notice sur le RÉ, déjà citée.

Ce sont là précisément les notes de la gamme majeure de *si♯*. ( Voir le tableau des gammes, page 15. )

Soient encore les notes

$$-19 \quad -20 \quad -21 \quad -22 \quad -23 \quad -24 \quad -25$$

ou $\quad sol_{♭2c} \quad mi_{2♭2c} \quad ut_{♭2c} \quad la_{2♭2c} \quad fa_{♭2c} \quad ré_{2♭èc} \quad si_{2♭3c}.$

On peut les élever de deux commas sans changer leurs relations, ce qui donnera $\quad sol_{♭} \quad mi_{2♭} \quad ut_{♭} \quad la_{2♭} \quad fa_{♭} \quad ré_{2♭} \quad si_{2♭c}$ c'est-à-dire les notes de la gamme majeure inusitée de $la_{2♭}$.

Soient encore les notes $\quad -5 \quad -4 \quad -3 \quad -2 \quad -1 \quad 0 \quad 1$

ou $\quad sol_{c} \quad si_{♭} \quad ré \quad fa \quad la \quad ut \quad mi.$

Ce sont les notes de la gamme de *fa*.

Soient encore les notes $\quad 15 \quad 14 \quad 13 \quad 12 \quad 11 \quad 10 \quad 9$

ou $\quad mi_{♯c} \quad ut_{♯2c} \quad la_{♯c} \quad fa_{♯c} \quad ré_{♯c} \quad si_{c} \quad sol_{♯c}.$

On peut les baisser d'un comma, ce qui donnera

$$mi_{♯} \quad ut_{♯c} \quad la_{♯} \quad fa_{♯} \quad ré_{♯} \quad si \quad sol_{♯}$$

c'est-à-dire les notes de la gamme de *fa♯*.

Toute note du tableau marquée d'un numéro pair est la tonique d'une gamme. Cette note avec les trois qui précèdent et les trois qui suivent constituent cette gamme. Le zéro de l'*ut*, étant entre deux impairs, est compté comme pair.

De la série indéfiniment prolongée à droite / gauche de l'*ut*, on peut extraire toutes les gammes majeures possibles contenant des notes diésées et bémolisées / élevées et abaissées d'un nombre entier de commas.

Nous n'avons fait entrer, dans les combinaisons qui nous ont occupé jusqu'ici, que des notes pures, exactes, conformes aux principes, et dont les logarithmes se trouvaient exactement dans le tableau des valeurs symboliques, et, en conséquence, les notes auxquelles nous sommes arrivés comme résultats sont toutes ou naturelles, ou diésées, ou bémolisées, ou *commatisées*, c'est-à-dire élevées ou abaissées d'un ou plusieurs commas *entiers*. Nous allons maintenant faire entrer dans nos combinaisons, des notes plus ou moins profondément altérées, ce qui conduira nécessairement comme résultats à des notes altérées, à des logarithmes qui ne se trouveront qu'approximativement dans le tableau des valeurs symboliques.

Pour faciliter l'exécution de la musique sur les instruments à clavier, la touche noire entre deux blanches sert à la fois comme dièse de la plus grave et comme bémol de la plus aiguë. Pour répartir uniformément l'altération qui en résulte, on divise l'intervalle d'octave 55,7976 3048 en 12 demi-tons moyens qui s'ajoutent successivement pour former la gamme dite du *tempérament égal*. Nous nous proposons ici de comparer note à note cette gamme à la gamme vraie. Les détails sont dans le tableau suivant :

| NOTES. | GAMME DU TEMPÉRAMENT ÉGAL. | GAMME VRAIE. | DIFFÉRENCES. |
|---|---|---|---|
| *ut* | 0,0000 | 0,0000 | 0,0000 |
| *ut*# | 4,6498 | 3,2861 | 1,3637 |
| *ré*♭ | 4,6498 | 5,1953 | — 0,5455 |
| *ré* | 9,2996 | 8,4814 | 0,8182 |
| *ré*# | 13,9496 | 12,7675 | 1,1819 |
| *mi*♭ | 13,9496 | 13,6767 | 0,2727 |
| *mi* | 18,5992 | 17,9628 | 0,6364 |
| *fa* | 23,2490 | 23,1581 | 0,0909 |
| *fa*# | 27,8988 | 27,4442 | 0,4546 |
| *sol*♭ | 27,8988 | 28,3534 | — 0,4546 |
| *sol* | 32,5486 | 32,6395 | — 0,0909 |
| *sol*# | 37,1984 | 35,9256 | 1,2728 |
| *la*♭ | 37,1984 | 37,8348 | — 0,6364 |
| *la* | 41,8482 | 41,1209 | 0,7273 |
| *la*# | 46,4980 | 45,4071 | 1,0909 |
| *si*♭ | 46,4980 | 46,3162 | 0,1818 |
| *si* | 51,1478 | 50,6023 | 0,5455 |
| 2 *ut* | 55,7976 | 55,7976 | 0,0000 |

Dans la première colonne sont les noms des notes de la gamme. Dans la seconde colonne sont les intervalles en commas de l'*ut* aux notes de la gamme tempérée. On a ces intervalles en ajoutant douze fois de suite à lui-même le nombre

$$\frac{55,7976\ 3048}{12} = 4,6498\ \ldots\ldots$$

Dans la troisième colonne sont les intervalles vrais de l'*ut* aux notes de la gamme vraie. Dans la quatrième colonne sont les différences entre les intervalles tempérés et les intervalles vrais. On y remarque que la plus grande différence est d'un comma et un tiers dont l'*ut*♯ du clavier est trop aigu. Le *sol*♯ est aussi trop aigu d'un comma et 1/4. L'oreille est sensible à de pareilles différences. Le *fa* et le *sol* des deux gammes sont égaux à un dixième de comma près.

Galin affirme sans preuve expérimentale , selon l'usage des novateurs en musique , que les tons entiers de la gamme naturelle sont égaux et que le demi-ton mineur est les deux tiers du demi-ton majeur. Il en résulte que le ton vaut en commas 8,9996 et le demi-ton majeur 5,3998 (*a*).

La distance de l'*ut zéro* au *ré* sera donc 8,9996. Ajoutant 8,9996 on aura le *mi ;* ajoutant 5,3998 on aura le *fa ;* ajoutant 8,9996 on aura le *sol* , etc.

Entre deux notes qui diffèrent d'un ton , on ajoute le demi-ton 5,3998 à la plus gravé pour avoir le bémol de la plus aiguë, et l'on retranche 5,3998 de la plus aiguë pour avoir le dièse de la plus

---

(*a*) En effet , soient $d$ le demi-ton mineur et $D$ le demi-ton majeur , on aura, d'après les suppositions de Galin , $d^3 = D^2$ et $d^5\,D^7 = 2$ d'où l'on tire :

$$d\,D = \sqrt[31]{2^5}\ ,\quad D = \sqrt[31]{2^3}\quad \text{et}\quad d = \sqrt[31]{2^9}\ .$$

Opérant avec mes logarithmes acoustiques , on trouve :

$$d\,D = 8,9996, \qquad D = 5,3998 \qquad d = 3,5998.$$

grave. En appliquant ainsi la règle déjà donnée plus haut, on aura
le tableau suivant :

| NOTES. | GAMME DE GALIN. | GAMME VRAIE. | DIFFÉRENCES. |
|---|---|---|---|
| $ut$ | 0,0000 | 0,0000 | 0,0000 |
| $ut$# | 3,5998 | 3,2861 | 0,3137 |
| $ré$♭ | 5,3998 | 5,1953 | 0,2045 |
| $ré$ | 8,9996 | 8,4814 | 0,5142 |
| $ré$# | 12,5994 | 12,7675 | — 0,1681 |
| $mi$♭ | 14,3994 | 13,6767 | 0,7227 |
| $mi$ | 17,9992 | 17,9628 | 0,0364 |
| $fa$ | 23,3990 | 23,1581 | — 0,2409 |
| $fa$# | 26,9988 | 27,4442 | 0,4454 |
| $sol$♭ | 28,7988 | 28,3534 | 0,4454 |
| $sol$ | 32,3986 | 32,6395 | — 0,2409 |
| $sol$# | 35,9984 | 35,9256 | 0,0728 |
| $la$♭ | 37,7984 | 37,8348 | — 0,0364 |
| $la$ | 41,3982 | 41,1209 | 0,2773 |
| $la$# | 44,9980 | 45,4071 | — 0,4091 |
| $si$♭ | 46,7980 | 46,3162 | 0,4818 |
| $si$ | 50,3978 | 50,6023 | — 0,2045 |
| 2 $ut$ | 55,7976 | 55,7976 | 0,0000 |

Les notes de cette gamme de Galin diffèrent peu des notes vraies
puisque les différences flottent entre 4 et 72 centièmes de comma;
mais les rapports synchroniques sont incommensurables et d'une com-
plication excessive.

Au lieu d'affirmer sans preuve, et en quelque sorte sur sa parole
d'honneur, que les tons entiers de la gamme sont égaux et que trois
demi-tons mineurs valent deux demi-tons majeurs, Galin aurait pu
avoir la fantaisie de déclarer que quatre demi-tons mineurs valent
trois demi-tons majeurs. Cela aurait donné $9°,0833$ pour le ton

entier et 5,1905 pour le demi-ton majeur (*a*). Opérant avec ces nombres comme nous venons de le faire pour la gamme de Galin , nous aurons le tableau suivant :

| NOTES. | | GAMME<br>NATURELLE. | DIFFÉRENCES. |
|---|---|---|---|
| *ut* | 0,0000 | 0,0000 | 0,0000 |
| *ut*♯ | 3,8928 | 3,2861 | 0,6067 |
| *ré*♭ | 5,1905 | 5,1953 | — 0,0048 |
| *ré* | 9,0833 | 8,4814 | 0,6019 |
| *ré*♯ | 12,9761 | 12,7675 | 0,2086 |
| *mi*♭ | 14,2738 | 13,6767 | 0,5971 |
| *mi* | 18,1666 | 17,9628 | 0,2038 |
| *fa* | 23,3571 | 23,1581 | 0,1990 |
| *fa*♯ | 27,2499 | 27,4442 | — 0,1943 |
| *sol*♭ | 28,5476 | 28,3534 | 0,1942 |
| *sol* | 32,4404 | 32,6395 | — 0,1991 |
| *sol*♯ | 36,3332 | 35,9256 | 0,4076 |
| *la*♭ | 37,6309 | 37,8348 | — 0,2039 |
| *la* | 41,5237 | 41,1209 | 0,4028 |
| *la*♯ | 45,4165 | 45,4071 | 0,0094 |
| *si*♭ | 46,7142 | 46,3162 | 0,3980 |
| *si* | 50,6070 | 50,6023 | 0,0047 |
| 2 *ut* | 55,7976 | 55,7976 | 0,0000 |

Cette gamme diffère bien peu de la précédente , ses notes sont plus compliquées d'incommensurables , aucune des deux ne peut avoir la prétention de se substituer à la gamme naturelle.

Un autre inventeur de gamme peut venir affirmer que les tons en-

---

(*a*) En effet, de $d^4 = D^3$ et $d^5 D^7 = 2$, on tire : $d D = \sqrt[13]{2^7} = 9,0833$ ; $D = \sqrt[13]{2^4} = 5,1905$ et $d = \sqrt[13]{2^3} = 3,8928$.

tiers sont égaux et que **7** demi-tons mineurs font juste **5** demi-tons majeurs. Cela conduirait à 9°,0483 pour le ton entier et 5,2782 pour le demi-ton majeur $(a)$, puis au tableau suivant :

| NOTES. | | GAMME NATURELLE. | DIFFÉRENCES. |
|---|---|---|---|
| $ut$ | 0,0000 | 0,0000 | 0,0000 |
| $ut\sharp$ | 3,7701 | 3,2861 | 0,4840 |
| $ré_\flat$ | 5,2782 | 5,1953 | 0,0829 |
| $ré$ | 9,0483 | 8,4814 | 0,5669 |
| $ré\sharp$ | 12,8184 | 12,7675 | 0,0509 |
| $mi_\flat$ | 14,3265 | 13,6767 | 0,6598 |
| $mi$ | 18,0966 | 17,9628 | 0,1338 |
| $fa$ | 23,3748 | 23,1581 | 0,2167 |
| $fa\sharp$ | 27,1449 | 27,4442 | — 0,2993 |
| $sol_\flat$ | 28,6530 | 28,3534 | 0,2997 |
| $sol$ | 32,4231 | 32,6395 | — 0,2164 |
| $sol\sharp$ | 36,1932 | 35,9256 | 0,2676 |
| $la_\flat$ | 37,7013 | 37,8348 | — 0,1335 |
| $la$ | 41,4714 | 41,1209 | 0,3505 |
| $la\sharp$ | 45,2415 | 45,4071 | — 0,1656 |
| $si_\flat$ | 46,7496 | 46,3162 | 0,4334 |
| $si$ | 50,5197 | 50,6023 | — 0,0826 |
| $2\ ut$ | 55,7976 | 55,7976 | 0,0000 |

Il est facile de multiplier ces exemples de gammes compliquées qui diffèrent peu de la véritable. La gamme naturelle a sur ces inventions capricieuses l'avantage d'être d'une extrême simplicité, comme tout ce qui est dans la nature, et d'être parfaitement confirmée dans

$(a)$ En effet, de $d^7 = D^5$ et $d^5 D^7 = 2$, on tire : $d\,D = \sqrt[74]{2^{12}} = 9,0483$ ;

$$D = \sqrt[74]{2^7} = 5,2872 ; \quad d = \sqrt[74]{2^5} = 3,7701.$$

toutes ses parties constituantes par des expériences positives et irré-
cusables.

. Je passe à la gamme des Pythagoriciens.. Elle s'écarte de la gamme
naturelle beaucoup plus que les précédentes ; elle est fausse, pour
notre système d'harmonie , comme je l'ai prouvé par des expériences
directes $(a)$. Les tons y sont supposés égaux et majeurs $\frac{9}{8}$ ou $9^c,4814$,
ce qui fait $47^c,4070$ pour les cinq, qui, retranchés de $55^c,7976$, donnent pour reste $8^c,3906$, dont la moitié $4^c,1953$ est la mesure du
demi-ton majeur. Le rapport symbolique de ce demi-ton est $\frac{256}{243}$.

| NOTES. | GAMME DES PYTHAGORICIENS. | GAMME NATURELLE. | DIFFÉRENCES. |
|---|---|---|---|
| *ut* | 0,0000 | 0,0000 | 0,0000 |
| *ut*# | 5,2861 | 3,2861 | 2,0000 |
| *ré*♭ | 4,1953 | 5,1953 | — 1,0000 |
| *ré* | 9,4814 | 8,4814 | 1,0000 |
| *ré*# | 14,7675 | 12,7675 | 2,0000 |
| *mi*♭ | 13,6767 | 13,6767 | 0,0000 |
| *mi* | 18,9628 | 17,9628 | 1,0000 |
| *fa* | 23,1581 | 23,1581 | 0,0000 |
| *fa*# | 28,4442 | 27,4442 | 1,0000 |
| *sol*♭ | 27,3534 | 28,3534 | — 1,0000 |
| *sol* | 32,6395 | 32,6395 | 0,0000 |
| *sol*# | 37,9256 | 35,9256 | 2,0000 |
| *la*♭ | 36,8348 | 37,8348 | — 1,0000 |
| *la* | 42,1209 | 41,1209 | 1,0000 |
| *la*# | 47,4070 | 45,4071 | 2,0000 |
| *si*♭ | 46,3162 | 46,3162 | 0,0000 |
| *si* | 51,6023 | 50,6023 | 1,0000 |
| 2 *ut* | 55,7976 | 55,7976 | 0,0000 |

$(a)$ *Mémoire sur la corde vibrante*. Société de Lille. 1850.

On remarquera que :

1.º Les notes *mi*$_b$, *fa*, *sol*, *si*$_b$, sont identiques dans les deux gammes comparées.

2.º Les notes *ré*$_b$, *sol*, *la*$_b$, sont trop graves d'un comma.

3.º Les notes *ré*, *mi*, *fa*#, *la*, *si*, sont trop aiguës d'un comma.

4.º Les notes *ut*#, *ré*#, *sol*#, *la*#, sont trop aiguës de deux commas.

5.º Entre les notes qui diffèrent d'un ton, le dièse est plus aigu que le bémol de 1º,0908.

La gamme suivante déduite des théories philosophiques de *Wronski* est présentée par M. Durutte (a) comme la seule vraie.

| NOTES. | | GAMME DE WRONSKI | GAMME NATURELLE. | DIFFÉRENCES. |
|---|---|---|---|---|
| *ut* | 1 | 0,0000 | 0,0000 | 0,0000 |
| *ut*# | $\frac{17}{16}$ | 4,8802 | 3,2861 | 1,5941 |
| *ré*$_b$ | $\frac{17}{16}$ | 4,8802 | 5,1953 | — 0,3151 |
| *ré* | $\frac{9}{8}$ | 9,4814 | 8,4814 | 1,0000 |
| *ré*# | $\frac{85}{72}$ | 13,3616 | 12,7675 | 0,5941 |
| *mi*$_b$ | $\frac{85}{72}$ | 13,3616 | 13,6767 | — 0,3151 |
| *mi* | $\frac{5}{4}$ | 17,9628 | 17,9628 | 0,0000 |
| *fa* | $\frac{4}{3}$ | 23,1581 | 23,1581 | 0,0000 |
| *fa*# | $\frac{17}{12}$ | 28,0383 | 27,4442 | 0,5941 |
| *sol*$_b$ | $\frac{17}{12}$ | 28,0383 | 28,3534 | — 0,3151 |
| *sol* | $\frac{3}{2}$ | 32,6395 | 32,6395 | 0,0000 |
| *sol*# | $\frac{51}{32}$ | 37,5197 | 35,9256 | 1,5941 |
| *la*$_b$ | $\frac{51}{32}$ | 37,5197 | 37,8348 | — 0,3151 |
| *la* | $\frac{27}{16}$ | 42,1209 | 41,1209 | 1,0000 |
| *la*# | $\frac{85}{48}$ | 46,0012 | 45,4071 | 0,5941 |
| *si*$_b$ | $\frac{85}{48}$ | 46,0012 | 46,3162 | — 0,3150 |
| *si* | $\frac{17}{9}$ | 51,1964 | 50,6023 | 0,5941 |
| 2 *ut* | 2 | 55,7976 | 55,7976 | 0,0000 |

(a) *Esthétique musicale.* 556 pages in-4.º 1855.

Cette gamme est fort irrégulière. On y remarque trois tons majeurs $\frac{9}{8}$ de 9°,4814, savoir *ut ré*, *fa sol*, *sol la*. Il y a un quatrième ton majeur *la si* de 9°,0755 dont le rapport synchronique $\frac{272}{243}$ est fort compliqué.

Il n'y a qu'un seul ton mineur, c'est celui $\frac{10}{9}$ de *ré* à *mi*.

Le demi-ton majeur $\frac{16}{15}$ du *mi* au *fa* n'est pas égal à celui $\frac{18}{17}$ de *si* à *2ut* ; ils diffèrent de 0°,5941.

Par suite les trois tierces majeures sont inégales. Il en est de même des tierces mineures, des quartes, des quintes, etc.

Cette gamme est tempérée puisqu'entre les notes qui diffèrent d'un ton le dièse se confond avec le bémol.

Dans la gamme des Arabes, supposée tempérée, l'intervalle d'octave est partagé en dix-sept parties égales.

| NOTES. | GAMME DES ARABES. | GAMME NATURELLE. | DIFFÉRENCES. |
|---|---|---|---|
| *ut* | 0,0000 | 0,0000 | 0,0000 |
| *ut*# | 3,2822 | 3,2861 | — 0,0039 |
| *ré*♭ | 6,5644 | 5,1953 | 1,3691 |
| *ré* | 9,8466 | 8,4814 | 1,3652 |
| *ré*# | 13,1289 | 12,7675 | 0,3614 |
| *mi*♭ | 16,4111 | 13,6767 | 2,7344 |
| *mi* | 19,6933 | 17,9628 | 1,7305 |
| *fa* | 22,9755 | 23,1581 | — 0,1826 |
| *fa*# | 26,2577 | 27,4442 | — 1,1865 |
| *sol*♭ | 29,5399 | 28,3534 | 1,1865 |
| *sol* | 31,8221 | 32,6395 | 0,1826 |
| *sol*# | 36,1043 | 35,9256 | 0,1787 |
| *la*♭ | 39,3866 | 37,8348 | 1,5518 |
| *la* | 42,6688 | 41,1209 | 1,5479 |
| *la*# | 45,9510 | 45,4071 | 0,5439 |
| *si*♭ | 49,2332 | 46,3162 | 2,9170 |
| *si* | 52,5154 | 50,6023 | 1,9131 |
| *2 ut* | 55,7976 | 55,7976 | 0,0000 |

Une oreille exercée saisit une erreur d'un cinquième de comma faite
sur une note comparée à une autre quand l'intervalle est l'un de ceux
de la gamme. En faisant sonner l'*ut* puis le *mi*, on peut reconnaître
l'erreur faite sur le *mi* s'il est trop aigu ou trop grave d'un cinquième
de comma. L'erreur est manifeste, même pour une oreille peu exercée,
quand elle s'élève à un comma entier. Ainsi le *mi* de la gamme des
Pythagoriciens est manifestement trop aigu pour l'oreille du plus
médiocre praticien. Le *mi* de la gamme des Arabes doit écorcher
l'oreille des musiciens de l'Europe. Le *mi*$_b$ et le *si*$_b$ sont en erreur,
sur les notes correspondantes de notre gamme, de plus d'un quart de
ton majeur ; ces différences, et d'autres encore, sont si grandes, que
notre musique ne ressemble presque en rien à celle des Arabes ; la
quarte et la quinte sont à peu près identiques.

La gamme de M. Vignon (*a*) a de l'analogie avec celle des Arabes.
L'octave est partagée, non pas en 17, mais en 29 intervalles égaux.
Les tons sont égaux et composés de 5 intervalles ; la distance du *mi*
au *fa*, ou de *si* à 2*ut*, est de deux intervalles. Avec ces données
j'ai calculé le tableau suivant où la gamme de M. Vignon, plus défec-
tueuse que celle des Arabes, est comparée à la gamme naturelle.

---

(*a*) Voir le journal *La Science* des 6, 11, 18, 25 septembre, et 2, 5 et 12
octobre 1856.

| N.os d'ordre. | NOTES. | GAMME DE M. VIGNON. | Gamme naturelle. | Différences. |
|---|---|---|---|---|
| 0 | ut | 0,0000 | 0,0000 | 0,0000 |
| 1 |  | 1,9241 |  |  |
| 2 | ré$\flat$ | 3,8481 | 5,1953 | — 1,3472 |
| 3 | ut$\sharp$ | 5,7722 | 3,2861 | 2,4861 |
| 4 |  | 7,6962 |  |  |
| 5 | ré | 9,6203 | 8,4814 | 1,1389 |
| 6 |  | 11,5543 |  |  |
| 7 | mi$\flat$ | 13,4684 | 13,6767 | — 0,2083 |
| 8 | ré$\sharp$ | 15,3924 | 12,7675 | 2,6249 |
| 9 |  | 17,3165 |  |  |
| 10 | mi | 19,2406 | 17,9628 | 1,2778 |
| 11 |  | 21,1646 |  |  |
| 12 | fa | 23,0887 | 23,1581 | — 0,0694 |
| 13 |  | 25,0127 |  |  |
| 14 | sol$\flat$ | 26,9368 | 28,3534 | — 1,4166 |
| 15 | fa$\sharp$ | 28,8608 | 27,4442 | 1,4166 |
| 16 |  | 30,7849 |  |  |
| 17 | sol | 32,7090 | 32,6395 | 0,0695 |
| 18 |  | 34,6330 |  |  |
| 19 | la$\flat$ | 36,5571 | 37,8348 | — 1,2777 |
| 20 | sol$\sharp$ | 38,4811 | 35,9254 | 2,5557 |
| 21 |  | 40,4052 |  |  |
| 22 | la | 42.3292 | 41,1209 | 1,2083 |
| 23 |  | 44,2533 |  |  |
| 24 | si$\flat$ | 46,1773 | 46,3162 | — 0,1389 |
| 25 | la$\sharp$ | 48,1014 | 45,4071 | 2,6943 |
| 26 |  | 50,0255 |  |  |
| 27 | si | 51,9495 | 50,6023 | 1,3472 |
| 28 |  | 53,8736 |  |  |
| 29 | 2 ut | 55,7976 | 55,7976 | 0,0000 |

Dans le tableau présenté par M. Vignon, chaque note naturelle de sa gamme est accompagnée de deux notes armées de dièse ou de bémol, qui sont, selon lui, identiques avec cette note naturelle. De plus, les cases vides de mon tableau sont remplies dans le sien par des notes aussi armées de dièse ou de bémol, et qui doivent également être identiques. En comparant ces notes, on trouve généralement 8 commas de différence. Si donc la gamme de M. Vignon, si *la gamme du bon Dieu*, comme il l'appelle, est la véritable, il faut avouer que celle des physiciens est horriblement fausse, car elle conduit à des différences d'un ton sur des notes identiques.

M. Vignon a largement payé son tribut à l'usage : il a flagellé à bras raccourci les géomètres et les physiciens ; on sait qu'ils sont ignorants en musique. Voilà qui est assurément très-bien ; mais voici qui est fort mal : il ose dire que les musiciens ne sont pas assez savants. Tout espoir était donc perdu si par un bonheur tout providentiel il ne s'était trouvé un phénix à la fois assez profond mathématicien et assez grand musicien pour dissiper les ténèbres. On peut maintenant tirer l'échelle ; la lumière est faite, on la doit à M. Vignon.

On a pu voir, dans ce qui précède, que moi aussi j'ai inventé des gammes, qui même diffèrent peu de la véritable, condition que tout inventeur cherche à remplir. Afin que mon lecteur praticien puisse juger par lui-même de la vanité de ces conceptions arbitraires, illusoires, chimériques, je veux le mettre en possession d'un talisman qui lui donnera le pouvoir sans limites de procréer des gammes à volonté, mais il faut pour cela qu'il me permette de faire encore ici quelque peu de grimoire algébrique. Si ces calculs lui déplaisent, il peut les passer sans inconvénient et ne lire que la prose où seront consignés les résultats.

Soient $T$  le ton majeur,

   $t$  le ton mineur,

   $D$  le demi-ton majeur,

   $d$  le plus grand des deux demi-tons mineurs,

   $\delta$  le plus petit des deux demi-tons mineurs.

On aura , pour constituer la gamme , à remplir les conditions suivantes :

$$t^2\, T^3 D^2 = 2; \quad d\, D = T; \quad \delta D = t; \quad t\, T = b; \quad t\, T^2 D = c,$$

d'où l'on tire ,

$$T = \frac{c^2}{2}; \quad t = \frac{2b}{c^2}; \quad D = \frac{2}{bc}; \quad d = \frac{bc^3}{4}; \quad \delta = \frac{b^2}{c}.$$

Or , des expériences précises prouvent que la tierce majeure $t\, T = b$, a pour valeur symbolique $b = \frac{5}{4}$, et que la valeur symbolique de la quinte $t\, T^2 D = c$ est $c = \frac{5}{2}$. Avec ces nombres on trouve :

$$T = \frac{9}{8}; \quad t = \frac{10}{9}; \quad D = \frac{16}{15}; \quad d = \frac{135}{128}; \quad \delta = \frac{25}{24}.$$

Telle est la gamme naturelle exempte de toute falsification.

Nous allons maintenant l'altérer par diverses suppositions plus ou moins capricieuses.

Si l'on suppose $T = t = \frac{9}{8}$, les conditions ci-dessus se réduiront à

$$T^5 D^2 = 2 \ \text{ et } \ T = \frac{9}{8} \ , \ \text{d'où } D = \frac{256}{243}.$$

Ce sont précisément là les propriétés de *la gamme des Pytha-goriciens*.

Si , pour être plus simple encore , en fait $t = T = D^2$, l'équation $t^2\, T^3 D^2 = 2$ se réduira à $D^{12} = 2$ d'où $D = 2^{\frac{1}{12}}$ et $T = 2^{\frac{2}{12}}$, ce qui donne *la gamme du tempérament égal*.

Imposons-nous maintenant les conditions suivantes :

$$T^5\, D^2 = 2, \quad d\, D = T \ \text{ et } \ d^m = D^n,$$

ce qui établit une relation arbitraire entre le demi-ton majeur et le demi-ton mineur. Cela conduit à

$$T = 2^{\frac{m+n}{7m+5n}} \; ; \quad D = 2^{\frac{m}{7m+5n}} \; ; \quad d = 2^{\frac{n}{7m+5n}}.$$

Passant aux logarithmes acoustiques et faisant, pour abréger,

$$\log. 2 = 55,7976\ 3048 = a, \text{ on aura :}$$

$$\log T = \frac{m+n}{7m+5n} \times a; \quad \log D = \frac{m}{7m+5n} \times a;$$

$$\log. d = \frac{n}{7m+5n} \times a.$$

Si l'on suppose $m = n$, ces valeurs deviennent

$$\log.T = \frac{2}{12}.\,a; \quad \log.D = \frac{1}{12}.\,a; \quad \log.d = \frac{1}{12}.\,a$$

Ce qui reproduit de nouveau *la gamme du tempérament égal.*

Si l'on fait $m = 2$ avec $n = 1$, on a

$$\log. T = \frac{3}{19}.a = 8,8102; \; \log. D = \frac{2}{19}.a = 5,8734;$$

$$\log.d = \frac{1}{19}.a = 2,9367.$$

La gamme provenant de ces données contient cinq notes en erreur d'un comma. Elle est mauvaise. On arrive à une gamme encore plus mauvaise en faisant $m = 3$ avec $n = 1$.

Essayons la combinaison $m = 3$ avec $n = 2$, nous aurons :

$$\log.T = \frac{5}{31}.a; \; \log.D = \frac{3}{31}.a; \; \log.d = \frac{2}{31}.a.$$

Ce sont précisément les conditions de *la gamme de Galin.*

Avec $m = 4$ et $n = 3$ on reproduit la gamme développée à la page 48.

Faisons $m = 5$ avec $n = 3$, alors

$$\log. T = \frac{8}{50} \cdot a = 8,9276 ; \quad \log. D = \frac{5}{50} \cdot a = 5,5798 ;$$

$$\log. d = \frac{3}{50} \cdot a = 3,3479,$$

d'où résulte le tableau suivant :

| | | Gamme naturelle. | Différences. |
|---|---|---|---|
| ut | 0,0000 | 0,0000 | 0,0000 |
| ut# | 3,3478 | 3,2861 | 0,0617 |
| ré$_b$ | 5,5798 | 5,1953 | 0,3845 |
| ré | 8,9276 | 8,4814 | 0,4462 |
| ré# | 12,2754 | 12,7675 | — 0,4921 |
| mi$_b$ | 14,5074 | 13,6767 | 0,8307 |
| mi | 17,8552 | 17,9628 | — 0,1076 |
| fa | 23,4350 | 23,1581 | 0,2769 |
| fa# | 26,7828 | 27,4442 | — 0,6614 |
| sol$_b$ | 29,0148 | 28,3534 | 0,6614 |
| sol | 32,3626 | 32,6395 | — 0,2769 |
| sol# | 35,7104 | 35,9256 | — 0,2152 |
| la$_b$ | 37,9424 | 37,8348 | 0,1076 |
| la | 41,2902 | 41,1209 | 0,1693 |
| la# | 44,6380 | 45,4071 | — 0,7691 |
| si$_b$ | 46,8700 | 46,3162 | 0,5537 |
| si | 50,2178 | 50,6023 | — 0,3845 |
| 2 ut | 55,7976 | 55,7976 | 0,0000 |

Cette gamme est assez remarquable ; les différences ne s'élèvent nulle part à un comma.

Faisons $m = 5$ avec $n = 4$ ; nous aurons

$$\log. \, T = \frac{9}{55}.a = 9,1305; \qquad \log. \, D = \frac{5}{55}.a = 5,0725,$$

$$\log. \, d = \frac{4}{55}.a = 4,0580,$$

d'où résulte le tableau suivant :

|  |  | Gamme naturelle. | Différences. |
|---|---|---|---|
| ut | 0,0000 | 0,0000 | 0,0000 |
| ut# | 4,0580 | 3,2861 | 0,7719 |
| ré♭ | 5,0725 | 5,1953 | — 0,1228 |
| ré | 9,1305 | 8,4814 | 0,6491 |
| ré# | 13,1885 | 12,7675 | 0,4210 |
| mi♭ | 14,2030 | 13,6767 | 0,5263 |
| mi | 18,2610 | 17,9628 | 0,2982 |
| fa | 23,3335 | 23,1581 | 0,1754 |
| fa# | 27,3915 | 27,4442 | — 0,0527 |
| sol♭ | 28,4060 | 28,3534 | 0,0526 |
| sol | 32,4640 | 32,6395 | — 0,1755 |
| sol# | 36,5220 | 35,9256 | 0,5964 |
| la♭ | 37,5365 | 37,8348 | — 0,2983 |
| la | 41,5945 | 41,1209 | 0,4736 |
| la# | 45,6525 | 45,4071 | 0,2554 |
| si♭ | 46,6670 | 46,3162 | 0,3508 |
| si | 50,7250 | 50,6023 | 0,1227 |
| 2 ut | 55,7976 | 55,7976 | 0,0000 |

Cette gamme est aussi bonne ou aussi mauvaise que la précédente.

Veut-on de nouvelles gammes ? Il n'y a qu'à augmenter $m$ continuellement d'une unité et la combiner avec une valeur choisie de $n$. Plus les *nombres entiers* pour $m$ et $n$ grandiront, plus on aura de chances de rencontrer des couples conduisant à des gammes tolérablement comparables à la gamme naturelle , sans jamais rencontrer celle-ci. Le lecteur , maintenant au courant de ce genre de calcul , fera bien de l'appliquer , comme exercice , aux couples suivants :

| | | |
|---|---|---|
| $m = 6$ avec $n = 5$ | $m = 8$ avec $n = 4$ | $m = 10$ avec $n = 6$ |
| $m = 7$ $\quad n = 4$ | $m = 8$ $\quad n = 5$ | $m = 10$ $\quad n = 7$ |
| $m = 7$ $\quad n = 5$ | $m = 8$ $\quad n = 6$ | ................. |
| $m = 7$ $\quad n = 6$ | $m = 9$ $\quad n = 6$ | $m = 11$ $\quad n = 7$ |
| etc. | etc. | |

Le couple $m = 7$ , $n = 5$ reproduit la gamme de la page 49.

Le couple $m = 9$ , $n = 6$ reproduit la gamme de Galin.

Le couple $m = 11$ , $n = 7$ conduit à la gamme suivante :

| | | Gamme naturelle. | Différences. |
|---|---|---|---|
| ut | 0,0000 | 0,0000 | 0,0000 |
| ut# | 3,4874 | 3,2861 | 0,2013 |
| ré$\flat$ | 5,4801 | 5,1953 | 0,2848 |
| ré | 8,9675 | 8,4814 | 0,4861 |
| ré# | 12,4549 | 12,7675 | — 0,3126 |
| mi$\flat$ | 14,4476 | 13,6767 | 0,7709 |
| mi | 17,9350 | 17,9628 | — 0,0278 |
| fa | 23,4154 | 23,1584 | 0,2570 |
| fa# | 26,9021 | 27,4442 | — 0,5417 |
| sol$\flat$ | 28,8952 | 28,3534 | 0,5418 |
| sol | 32,3826 | 32,6395 | — 0,2569 |
| sol# | 35,8700 | 35,9256 | — 0,0556 |
| la$\flat$ | 37,8627 | 37,8348 | 0,0279 |
| la | 41,3501 | 41,1209 | 0,2292 |
| la# | 44,8375 | 45,4071 | — 0,5696 |
| si$\flat$ | 46,8302 | 46,3162 | 0,5140 |
| si | 50,3176 | 50,6023 | — 0,2847 |
| 2 ut | 55,7976 | 55,7976 | 0,0000 |

Il n'y a nulle part la différence d'un comma entre les notes des deux gammes comparées. En continuant de prendre pour $m$ et $n$ des nombres entiers plus grands, on rencontrera des gammes qui approcheront encore plus que celle-ci de la gamme naturelle.

Jusqu'ici nous avons supposé une relation $d^m = D^n$ entre le demi-ton majeur $D$ et le demi-ton mineur $d$, et nous avons vu qu'en choisissant pour $m$ et $n$ certains nombres entiers, on pouvait créer une foule de gammes qui se rapprochent plus ou moins de la gamme naturelle. Au lieu de cette relation entre les deux demi-tons on peut en supposer une entre le ton entier $T$ et le demi-ton $D$. On peut, avec $T^5 D^2 = 2$, supposer que $D^m = T^n$. Alors, en donnant à $m$ et $n$ des valeurs choisies, en nombres entiers, on aura une nouvelle mine d'où l'on pourra extraire autant de gammes qu'on voudra.

Des deux conditions $T^5 D^2 = 2$ et $D^m = T^n$ on tire :

$$\log T = \frac{m}{5\,m + 2\,n} . a, \qquad \log. D = \frac{n}{5\,m + 2\,n} . a.$$

Faisons d'abord $m = 2$ avec $n = 1$, alors $\log. T = \frac{2}{12}\,a$, et $\log .D = \frac{1}{12}\,a$. Ce sont encore les éléments de *la gamme du tempérament égal*.

Si l'on fait $m = 3$ avec $n = 1$, on trouve

$$\log.T = \frac{3}{17} . a \quad \text{et} \quad \log.D = \frac{1}{17} . a$$

C'est *la gamme tempérée des Arabes*.

Si l'on fait $m = 5$ avec $n = 2$, on trouve

$$\log.T = \frac{5}{29} . a \quad \text{et} \quad \log.D = \frac{2}{29} . a.$$

On tombe ainsi sur *la gamme du bon Dieu*, procréée par M. Vignon. Faisons $m = 5$ avec $n = 3$ nous aurons le gamme de Galin.

$$m = 7 \qquad n = 4 \ldots\ldots\ldots \text{de la page } 48.$$
$$m = 12 \qquad n = 7 \ldots\ldots\ldots \text{de la page } 49.$$
$$m = 8 \qquad n = 5 \ldots\ldots\ldots \text{de la page } 58.$$
$$m = 9 \qquad n = 2 \ldots\ldots\ldots \text{de la page } 59.$$

Si l'on fait $m = 19$ avec $n = 11$, d'où $T = \frac{19}{117} \times a$ et $D = \frac{11}{117} \times a$; ou bien, si l'on fait $m = 19$ avec $n = 12$, d'où $T = \frac{19}{119} \times a$ et $D = \frac{12}{119} \times a$; etc. etc., on aura des gammes très voisines de la gamme naturelle.

En établissant d'autres relations entre les élémens $T$, $t$, $D$, $d$, de la gamme naturelle on ouvrirait de nouvelles mines à exploiter.

Il n'y a pas de raison pour s'arrêter en si beau chemin.

## NOTE.

Dans le « Traité de la musique théorique et pratique » publié en 1639
par le « R. P. Antoine Parran de la compagnie de Jésus » on trouve le
« Dénombrement des Consonances, et Dissonances, avec leurs nom-
» bres et proportions. » Ces valeurs symboliques des notes de la
gamme sont conformes à celles que j'ai employées dans le texte,
et qui sont justifiées par des expériences précises. Parran insiste
particulièrement sur le ton mineur $\frac{10}{9}$ de *ut* à *ré*. Il dit, page 16 :

« Voyons maintenant en pratique où se retrouvent les semitons
» majeurs, et mineurs ; la tierce majeure et mineure nous donnent
» entièrement, et asseurément la cognoissance de ce point de difficulté:
» car la tierce majeure est composée du ton majeur, et du ton mi-
» neur : la tierce mineure du ton majeur, et du semi-ton majeur :
» donques si nous disons *ut ré mi fa, ut ré,* ne peut être que le ton
» mineur : et *ré mi,* le ton majeur, puis que *ut mi,* c'est la tierce
» majeure composée du ton mineur, et du ton majeur : et *ré fa,* la
» tierce mineure composée du ton majeur, et du semi-ton majeur. »
Et ailleurs : « comma c'est l'excez du Ton majeur sur le mineur,
» comme de 80 à 81. »

A la page 8, l'auteur donne, d'après Aristote, cette singulière dé-
finition du son : « Le son est une fraction d'air par l'impétuosité de
» la chose qui frappe à la chose frappée. » Le mot *fraction* doit sans
doute être pris ici dans le sens d'ébranlement, de trémoussement,
plutôt que dans le sens de division.

On lit à la page 30 :

.... » Je ferois volontiers cette question si je ne craignois pro-
» lixité : pourquoi pinsant la chorde d'un instrument bien résonant,
» on entend sonner contre les autres chordes sans les toucher, tantost
» une Octave, tantost une Quinte, ou une Douzième, selon la

» disposition , tempérement , et ordonnance des  chordes  montées et
» accordées diversement ? »

» Quelques uns attribuent cet effet à la sympathie, et antipathie
» des sons , et des chordes : en un mot je dis  avec Keplerus ,  que
» l'espèce du son ,  voire le son  mesme s'éspendant en l'air , frappe
» et s'arresté à ce qui luy est propre ; savoir est à l'octave , comme à
» la première , et plus parfaite des  Consonances : et aussi par fois à
» la Douzième , mais rarement, n'estoit que  l'instrument  fut gran-
» dement délié , et extraordinairement résonant.  »

Parran a précédé de 38 ans  le P. Souhaïtty , dans la notation par
chiffres des notes de la gamme.  Au chapitre III , page 74 , on lit :

« Pratique de la composition par nombres Arithmétiques.

» La composition qui se fait par nombres Arithmétiques , est plus
» aysée que la précédente , qu'ainsi ne soit.  Voyez en l'expérience. »

» Pour signifier et exprimer en chaque partie , *ut, ré , mi , fa ,*
» *sol, la,* nous mettons 1 , 2 , 3 , 4 , 5 , 6 : et pour  monter  plus
» haut adjouterons 7 et puis 8. »

L'auteur donne en chiffres divers petits motets à 4 parties. A la
page 77 il met les chiffres sur la portée  à la place  des notes qu'ils
représentent. Il donne en chiffres une « table des accords synonymes. »

| | | | |
|---|---|---|---|
| ut | $1$ | 0,0000 | 0000 |
| ré | $\dfrac{10}{9}$ | 8,4814 | 1244 |
| mi | $\dfrac{5}{4}$ | 17,9628 | 2488 |
| fa | $\dfrac{4}{3}$ | 23,1581 | 0902 |
| sol | $\dfrac{3}{2}$ | 32,6395 | 2146 |
| la | $\dfrac{5}{3}$ | 41,1209 | 3390 |
| si | $\dfrac{15}{8}$ | 50,6023 | 4634 |
| ut# | $\dfrac{10}{9}\cdot\dfrac{15}{16}=\dfrac{25}{24}$ | 3,2861 | 2830 |
| ut$^{2}$# | $\dfrac{5}{4}\cdot\left(\dfrac{15}{16}\right)^{2}$ | 7,5722 | 5660 |
| ut$^{3}$# | $\dfrac{3}{2}\cdot\left(\dfrac{15}{16}\right)^{4}$ | 11,8583 | 8490 |
| ut$^{4}$# | $\dfrac{5}{3}\cdot\left(\dfrac{15}{16}\right)^{5}$ | 15,1445 | 1320 |
| ut$^{5}$# | $\dfrac{15}{8}\cdot\left(\dfrac{15}{16}\right)^{6}$ | 19,4306 | 4150 |
| ut$^{6}$# | $2\cdot\dfrac{10}{9}\cdot\left(\dfrac{15}{16}\right)^{8}$ | 22,7167 | 6980 |
| ré# | $\dfrac{5}{4}\cdot\dfrac{15}{16}=\dfrac{75}{64}$ | 12,7675 | 4074 |
| ré$^{2}$# | $\dfrac{3}{2}\cdot\left(\dfrac{15}{16}\right)^{3}$ | 17,0536 | 6904 |
| ré$^{3}$# | $\dfrac{5}{3}\cdot\left(\dfrac{15}{16}\right)^{4}$ | 20,3397 | 9734 |
| ré$^{4}$# | $\dfrac{15}{8}\cdot\left(\dfrac{15}{16}\right)^{5}$ | 24,6259 | 2564 |
| ré$^{5}$# | $2\cdot\dfrac{10}{9}\cdot\left(\dfrac{15}{16}\right)^{7}$ | 27,9120 | 5394 |
| ré$^{6}$# | $2\cdot\dfrac{5}{4}\cdot\left(\dfrac{15}{16}\right)^{8}$ | 32,1981 | 8224 |
| mi# | $\dfrac{3}{2}\cdot\left(\dfrac{15}{16}\right)^{2}=\dfrac{675}{512}$ | 22,2489 | 5318 |
| mi$^{2}$# | $\dfrac{5}{3}\cdot\left(\dfrac{15}{16}\right)^{3}$ | 25,5350 | 8148 |
| mi$^{3}$# | $\dfrac{15}{8}\cdot\left(\dfrac{15}{16}\right)^{4}$ | 29,8212 | 0978 |
| mi$^{4}$# | $2\cdot\dfrac{10}{9}\cdot\left(\dfrac{15}{16}\right)^{6}$ | 33,1073 | 3808 |
| mi$^{5}$# | $2\cdot\dfrac{5}{4}\cdot\left(\dfrac{15}{16}\right)^{7}$ | 37,3934 | 6638 |
| mi$^{6}$# | $2\cdot\dfrac{3}{2}\cdot\left(\dfrac{15}{16}\right)^{9}$ | 41,6795 | 9468 |

| | | | |
|---|---|---|---|
| fa$\sharp$ | $\dfrac{3}{2}\cdot\left(\dfrac{15}{16}\right)=\dfrac{45}{32}$ | 27,4442 | 3732 |
| fa$^{2}\sharp$ | $\dfrac{5}{3}\cdot\left(\dfrac{15}{16}\right)^{2}$ | 30,7303 | 6562 |
| fa$^{3}\sharp$ | $\dfrac{15}{8}\cdot\left(\dfrac{15}{16}\right)^{3}$ | 35,0164 | 9392 |
| fa$^{4}\sharp$ | $2\cdot\dfrac{10}{9}\cdot\left(\dfrac{15}{16}\right)^{5}$ | 38,3026 | 2222 |
| fa$^{5}\sharp$ | $2\cdot\dfrac{5}{4}\cdot\left(\dfrac{15}{16}\right)^{6}$ | 42,5887 | 0052 |
| fa$^{6}\sharp$ | $2\cdot\dfrac{3}{2}\cdot\left(\dfrac{15}{16}\right)^{8}$ | 46,8748 | 7882 |
| sol$\sharp$ | $\dfrac{5}{3}\cdot\left(\dfrac{15}{16}\right)=\dfrac{25}{16}$ | 35,9256 | 4976 |
| sol$^{2}\sharp$ | $\dfrac{15}{8}\cdot\left(\dfrac{15}{16}\right)^{2}$ | 40,2117 | 7806 |
| sol$^{3}\sharp$ | $2\cdot\dfrac{10}{9}\cdot\left(\dfrac{15}{16}\right)^{4}$ | 43,4979 | 0636 |
| sol$^{4}\sharp$ | $2\cdot\dfrac{5}{4}\cdot\left(\dfrac{15}{16}\right)^{5}$ | 47,7840 | 3466 |
| sol$^{5}\sharp$ | $2\cdot\dfrac{3}{2}\cdot\left(\dfrac{15}{16}\right)^{7}$ | 52,0701 | 6296 |
| sol$^{6}\sharp$ | $2\cdot\dfrac{5}{3}\cdot\left(\dfrac{15}{16}\right)^{8}$ | 55,3562 | 9126 |
| la$\sharp$ | $\dfrac{15}{8}\cdot\left(\dfrac{15}{16}\right)=\dfrac{225}{128}$ | 45,4070 | 6220 |
| la$^{2}\sharp$ | $2\cdot\dfrac{10}{9}\cdot\left(\dfrac{15}{16}\right)^{3}$ | 48,6931 | 9050 |
| la$^{3}\sharp$ | $2\cdot\dfrac{5}{4}\cdot\left(\dfrac{15}{16}\right)^{4}$ | 52,9798 | 1880 |
| la$^{4}\sharp$ | $2\cdot\dfrac{3}{2}\cdot\left(\dfrac{15}{16}\right)^{6}$ | 57,2654 | 4710 |
| la$^{5}\sharp$ | $2\cdot\dfrac{5}{3}\cdot\left(\dfrac{15}{16}\right)^{7}$ | 60,5515 | 7540 |
| la$^{6}\sharp$ | $2\cdot\dfrac{15}{8}\cdot\left(\dfrac{15}{16}\right)^{8}$ | 64,8377 | 0370 |
| si$\sharp$ | $2\cdot\dfrac{10}{9}\cdot\left(\dfrac{15}{16}\right)^{2}=\dfrac{125}{64}$ | 53,8884 | 7464 |
| si$^{2}\sharp$ | $2\cdot\dfrac{5}{4}\cdot\left(\dfrac{15}{16}\right)^{3}$ | 58,1746 | 0294 |
| si$^{3}\sharp$ | $2\cdot\dfrac{3}{2}\cdot\left(\dfrac{15}{16}\right)^{5}$ | 62,4607 | 3124 |
| si$^{4}\sharp$ | $2\cdot\dfrac{5}{3}\cdot\left(\dfrac{15}{16}\right)^{6}$ | 65,7468 | 5954 |
| si$^{5}\sharp$ | $2\cdot\dfrac{15}{8}\cdot\left(\dfrac{15}{16}\right)^{7}$ | 70,0329 | 8784 |
| si$^{6}\sharp$ | $4\cdot\dfrac{10}{9}\cdot\left(\dfrac{15}{16}\right)^{9}$ | 73,3191 | 1614 |

| | | | |
|---|---|---|---|
| $2\,\text{ut}$ | $2 \cdot 1$ | 55,7976 | 3048 |
| $2\,\text{ré}$ | $2 \cdot \dfrac{10}{9}$ | 64,2790 | 4292 |
| $2\,\text{mi}$ | $2 \cdot \dfrac{5}{4}$ | 73,7604 | 5536 |
| $2\,\text{fa}$ | $2 \cdot \dfrac{4}{3}$ | 78,9557 | 3951 |
| $2\,\text{sol}$ | $2 \cdot \dfrac{3}{2}$ | 88,4371 | 5195 |
| $2\,\text{la}$ | $2 \cdot \dfrac{5}{3}$ | 96,9185 | 6439 |
| $2\,\text{si}$ | $2 \cdot \dfrac{15}{8}$ | 106,3999 | 7683 |
| $2\,\text{ut}_\flat$ | $\dfrac{5}{3} \cdot \left(\dfrac{16}{15}\right)^2 = \dfrac{256}{135}$ | 51,5115 | 0218 |
| $2\,\text{ut}_{2\flat}$ | $\dfrac{3}{2} \cdot \left(\dfrac{16}{15}\right)^3$ | 48,2253 | 7388 |
| $2\,\text{ut}_{3\flat}$ | $\dfrac{4}{3} \cdot \left(\dfrac{16}{15}\right)^4$ | 43,9392 | 4558 |
| $2\,\text{ut}_{4\flat}$ | $\dfrac{10}{9} \cdot \left(\dfrac{16}{15}\right)^6$ | 39,6531 | 1728 |
| $2\,\text{ut}_{5\flat}$ | $1 \cdot \left(\dfrac{16}{15}\right)^7$ | 36,3669 | 8899 |
| $2\,\text{ut}_{6\flat}$ | $\dfrac{1}{2} \cdot \dfrac{5}{3} \cdot \left(\dfrac{16}{15}\right)^9$ | 32,0808 | 6069 |
| $\text{ré}_\flat$ | $1 \cdot \left(\dfrac{16}{15}\right) = \dfrac{16}{15}$ | 5,1952 | 8414 |
| $\text{ré}_{2\flat}$ | $\dfrac{1}{2} \cdot \dfrac{5}{3} \cdot \left(\dfrac{16}{15}\right)^2$ | 0,9091 | 5588 |
| $2\,\text{ré}_{3\flat}$ | $\dfrac{3}{2} \cdot \left(\dfrac{16}{15}\right)^4$ | 53,4206 | 5803 |
| $2\,\text{ré}_{4\flat}$ | $\dfrac{4}{3} \cdot \left(\dfrac{16}{15}\right)^5$ | 49,1345 | 2973 |
| $2\,\text{ré}_{5\flat}$ | $\dfrac{10}{9} \cdot \left(\dfrac{16}{15}\right)^7$ | 44,8484 | 0143 |
| $2\,\text{ré}_{6\flat}$ | $1 \cdot \left(\dfrac{16}{15}\right)^8$ | 41,5622 | 7313 |
| $\text{mi}_\flat$ | $\dfrac{10}{9} \cdot \left(\dfrac{16}{15}\right) = \dfrac{32}{27}$ | 13,6766 | 9658 |
| $\text{mi}_{2\flat}$ | $1 \cdot \left(\dfrac{16}{15}\right)^2$ | 10,3905 | 6828 |
| $\text{mi}_{3\flat}$ | $\dfrac{1}{2} \cdot \dfrac{5}{3} \cdot \left(\dfrac{16}{15}\right)^4$ | 6,1044 | 3998 |
| $\text{mi}_{4\flat}$ | $\dfrac{1}{2} \cdot \dfrac{3}{2} \cdot \left(\dfrac{16}{15}\right)^5$ | 2,8183 | 1168 |
| $2\,\text{mi}_{5\flat}$ | $\dfrac{4}{3} \cdot \left(\dfrac{16}{15}\right)^6$ | 54,3298 | 1387 |
| $2\,\text{mi}_{6\flat}$ | $\dfrac{10}{9} \cdot \left(\dfrac{16}{15}\right)^8$ | 50,0436 | 8557 |

| | | |
|---|---|---|
| $\mathrm{fa}_\flat$ | $\dfrac{10}{9}\cdot\left(\dfrac{16}{15}\right)^2=\dfrac{512}{405}$ | 18,8719 8072 |
| $\mathrm{fa}_{2\flat}$ | $1\cdot\left(\dfrac{16}{15}\right)^3$ | 15,5858 5242 |
| $\mathrm{fa}_{3\flat}$ | $\dfrac{1}{2}\cdot\dfrac{5}{3}\cdot\left(\dfrac{16}{15}\right)^5$ | 11,2997 2412 |
| $\mathrm{fa}_{4\flat}$ | $\dfrac{1}{2}\cdot\dfrac{3}{2}\cdot\left(\dfrac{16}{15}\right)^6$ | 8,0135 9582 |
| $\mathrm{fa}_{5\flat}$ | $\dfrac{1}{2}\cdot\dfrac{4}{3}\cdot\left(\dfrac{16}{15}\right)^7$ | 3,7274 6752 |
| $2.\mathrm{fa}_{6\flat}$ | $\dfrac{1}{2}\cdot\dfrac{10}{9}\cdot\left(\dfrac{16}{15}\right)^9$ | 55,2389 6971 |
| $\mathrm{sol}_\flat$ | $\dfrac{4}{3}\cdot\left(\dfrac{16}{15}\right)=\dfrac{64}{45}$ | 28,3533 9316 |
| $\mathrm{sol}_{2\flat}$ | $\dfrac{10}{9}\cdot\left(\dfrac{16}{15}\right)^3$ | 24,0672 6486 |
| $\mathrm{sol}_{3\flat}$ | $1\cdot\left(\dfrac{16}{15}\right)^4$ | 20,7811 3656 |
| $\mathrm{sol}_{4\flat}$ | $\dfrac{1}{2}\cdot\dfrac{5}{3}\cdot\left(\dfrac{16}{15}\right)^6$ | 16,4950 0826 |
| $\mathrm{sol}_{5\flat}$ | $\dfrac{1}{2}\cdot\dfrac{3}{2}\cdot\left(\dfrac{16}{15}\right)^7$ | 13,2088 7996 |
| $\mathrm{sol}_{6\flat}$ | $\dfrac{1}{2}\cdot\dfrac{4}{3}\cdot\left(\dfrac{16}{15}\right)^8$ | 8,9227 5166 |
| $\mathrm{la}_\flat$ | $\dfrac{3}{2}\cdot\left(\dfrac{16}{15}\right)=\dfrac{8}{5}$ | 37,8348 0560 |
| $\mathrm{la}_{2\flat}$ | $\dfrac{4}{3}\cdot\left(\dfrac{16}{15}\right)^2$ | 33,5486 7730 |
| $\mathrm{la}_{3\flat}$ | $\dfrac{10}{9}\cdot\left(\dfrac{16}{15}\right)^4$ | 29,2625 4900 |
| $\mathrm{la}_{4\flat}$ | $1\cdot\left(\dfrac{16}{15}\right)^5$ | 25,9764 2070 |
| $\mathrm{la}_{5\flat}$ | $\dfrac{1}{2}\cdot\dfrac{5}{3}\cdot\left(\dfrac{16}{15}\right)^7$ | 21,6902 9240 |
| $\mathrm{la}_{6\flat}$ | $\dfrac{1}{2}\cdot\dfrac{3}{2}\cdot\left(\dfrac{16}{15}\right)^8$ | 18,4041 6410 |
| $\mathrm{si}_\flat$ | $\dfrac{5}{3}\cdot\left(\dfrac{16}{15}\right)=\dfrac{16}{9}$ | 46,3162 1804 |
| $\mathrm{si}_{2\flat}$ | $\dfrac{3}{2}\cdot\left(\dfrac{16}{15}\right)^2$ | 43,0300 8974 |
| $\mathrm{si}_{3\flat}$ | $\dfrac{4}{3}\cdot\left(\dfrac{16}{15}\right)^3$ | 38,7439 6144 |
| $\mathrm{si}_{4\flat}$ | $\dfrac{10}{9}\cdot\left(\dfrac{16}{15}\right)^5$ | 34,4578 3314 |
| $\mathrm{si}_{5\flat}$ | $1\cdot\left(\dfrac{16}{15}\right)^6$ | 31,1717 0484 |
| $\mathrm{si}_{6\flat}$ | $\dfrac{1}{2}\cdot\dfrac{5}{3}\cdot\left(\dfrac{16}{5}\right)^8$ | 26,8855 7654 |

| N. | LOGARITHMES. | N. | LOGARITHMES. | N. | LOGARITHMES. |
|---|---|---|---|---|---|
| 1 | 0,0000 0000 | 41 | 298,9387 0705 | 81 | 353,7486 0779 |
| 2 | 55,7976 3048 | 42 | 300,8785 3501 | 82 | 354,7363 3754 |
| 3 | 88,4371 5195 | 43 | 302,7727 1569 | 83 | 355,7120 9451 |
| 4 | 111,5952 6097 | 44 | 304,6233 4811 | 84 | 356,6761 6549 |
| 5 | 129,5580 8586 | 45 | 306,4323 8974 | 85 | 357,6288 2708 |
| 6 | 144,2347 8243 | 46 | 308,2016 6898 | 86 | 358,5703 4618 |
| 7 | 156,6437 5258 | 47 | 309,9328 9624 | 87 | 359,5009 8041 |
| 8 | 167,3928 9145 | 48 | 311,6276 7388 | 88 | 360,4209 7859 |
| 9 | 176,8743 0389 | 49 | 313,2875 0516 | 89 | 361,3305 8109 |
| 10 | 185,3557 1633 | 50 | 314,9138 0218 | 90 | 362,2300 2023 |
| 11 | 193,0280 8714 | 51 | 316,5078 9318 | 91 | 363,1195 2060 |
| 12 | 200,0324 1291 | 52 | 318,0710 2899 | 92 | 363,9992 9946 |
| 13 | 206,4757 6802 | 53 | 319,6043 8897 | 93 | 364,8695 6702 |
| 14 | 212,4413 8306 | 54 | 321,1090 8632 | 94 | 365,7305 2672 |
| 15 | 217,9952 3780 | 55 | 322,5861 7299 | 95 | 366,5823 7557 |
| 16 | 223,1905 2194 | 56 | 324,0366 4403 | 96 | 367,4253 0437 |
| 17 | 228,0707 4123 | 57 | 325,4614 4166 | 97 | 368,2594 9800 |
| 18 | 232,6719 3438 | 58 | 326,8614 5895 | 98 | 369,0851 3564 |
| 19 | 237,0242 8972 | 59 | 328,2375 4314 | 99 | 369,9023 9103 |
| 20 | 241,1533 4682 | 60 | 329,5904 9876 | 100 | 370,7114 3267 |
| 21 | 245,0809 0452 | 61 | 330,9210 9046 | 101 | 371,5124 2400 |
| 22 | 248,8257 1763 | 62 | 332,2300 4556 | 102 | 372,3055 2366 |
| 23 | 252,4040 3850 | 63 | 333,5180 5647 | 103 | 373,0908 8565 |
| 24 | 255,8300 4340 | 64 | 334,7857 8290 | 104 | 373,8686 5947 |
| 25 | 259,1161 7170 | 65 | 336,0338 5387 | 105 | 374,6389 9037 |
| 26 | 262,2733 9851 | 66 | 337,2628 6957 | 106 | 375,4020 1945 |
| 27 | 265,3114 5584 | 67 | 338,4734 0313 | 107 | 376,1578 8383 |
| 28 | 268,2390 1355 | 68 | 339,6660 0220 | 108 | 376,9067 1681 |
| 29 | 271,0638 2846 | 69 | 340,8411 9044 | 109 | 377,6486 4800 |
| 30 | 273,7928 6828 | 70 | 341,9994 6891 | 110 | 378,3838 0347 |
| 31 | 276,4324 1507 | 71 | 343,1413 1734 | 111 | 379,1123 0586 |
| 32 | 278,9881 5242 | 72 | 344,2671 9535 | 112 | 379,8342 7451 |
| 33 | 281,4652 3909 | 73 | 345,3775 4350 | 113 | 380,5498 2558 |
| 34 | 283,8683 7172 | 74 | 346,4727 8440 | 114 | 381,2590 7214 |
| 35 | 286,2068 3843 | 75 | 347,5533 2364 | 115 | 381,9621 2434 |
| 36 | 288,4695 6486 | 76 | 348,6195 5069 | 116 | 382,6590 8943 |
| 37 | 290,6751 5392 | 77 | 349,6718 3972 | 117 | 383,3500 7191 |
| 38 | 292,8219 2020 | 78 | 350,7105 5045 | 118 | 384,0351 7362 |
| 39 | 294,9120 1997 | 79 | 351,7360 2884 | 119 | 384,7144 9381 |
| 40 | 296,9509 7730 | 80 | 352,7486 0779 | 120 | 385,3881 2925 |

| N. | LOGARITHMES. | | N. | LOGARITHMES. | | N. | LOGARITHMES. | |
|---|---|---|---|---|---|---|---|---|
| 121 | 386,0561 | 7428 | 161 | 409,0477 | 9107 | 201 | 426,9105 | 5508 |
| 122 | 386,7187 | 2094 | 162 | 409,5462 | 3827 | 202 | 427,3100 | 5448 |
| 123 | 387,3758 | 5900 | 163 | 410,0416 | 1808 | 203 | 427,7075 | 8104 |
| 124 | 388,0276 | 7604 | 164 | 410,5339 | 6802 | 204 | 428,1031 | 5415 |
| 125 | 388,6742 | 5755 | 165 | 411,0233 | 2494 | 205 | 428,4967 | 9290 |
| 126 | 389,3156 | 8696 | 166 | 411,5097 | 2500 | 206 | 428,8885 | 1613 |
| 127 | 389,9520 | 4572 | 167 | 411,9932 | 0372 | 207 | 429,2783 | 4239 |
| 128 | 390,5834 | 1339 | 168 | 412,4737 | 9598 | 208 | 429,6662 | 8996 |
| 129 | 391,2098 | 6764 | 169 | 412,9515 | 3604 | 209 | 430,0523 | 7686 |
| 130 | 391,8314 | 8435 | 170 | 413,4264 | 5757 | 210 | 430,4366 | 2086 |
| 131 | 392,4483 | 3768 | 171 | 413,8985 | 9361 | 211 | 430,8190 | 3946 |
| 132 | 393,0605 | 0006 | 172 | 414,3679 | 7666 | 212 | 431,1996 | 4994 |
| 133 | 393,6680 | 4230 | 173 | 414,8346 | 3863 | 213 | 431,5784 | 6929 |
| 134 | 394,2710 | 3362 | 174 | 415,2986 | 1090 | 214 | 431,9555 | 1431 |
| 135 | 394,8695 | 4169 | 175 | 415,7599 | 2428 | 215 | 432,3308 | 0154 |
| 136 | 395,4636 | 3269 | 176 | 416,2186 | 0908 | 216 | 432,7043 | 4729 |
| 137 | 396,0533 | 7133 | 177 | 416,6746 | 9508 | 217 | 433,0761 | 6765 |
| 138 | 396,6388 | 2093 | 178 | 417,1282 | 1158 | 218 | 433,4462 | 7849 |
| 139 | 397,2200 | 4341 | 179 | 417,5791 | 8735 | 219 | 433,8146 | 9544 |
| 140 | 397,7970 | 9940 | 180 | 418,0276 | 5071 | 220 | 434,1814 | 3396 |
| 141 | 398,3700 | 4818 | 181 | 418,4736 | 2950 | 221 | 434,5465 | 0926 |
| 142 | 398,9389 | 4783 | 182 | 418,9171 | 5108 | 222 | 434,9099 | 3635 |
| 143 | 399,5038 | 5516 | 183 | 419,3582 | 4241 | 223 | 435,2717 | 3005 |
| 144 | 400,0648 | 2583 | 184 | 419,7969 | 2995 | 224 | 435,6319 | 0500 |
| 145 | 400,6219 | 1431 | 185 | 420,2332 | 3976 | 225 | 435,9904 | 7559 |
| 146 | 401,1751 | 7398 | 186 | 420,6671 | 9750 | 226 | 436,3474 | 5606 |
| 147 | 401,7246 | 5710 | 187 | 421,0988 | 2837 | 227 | 436,7028 | 6046 |
| 148 | 402,2704 | 1489 | 188 | 421,5281 | 5720 | 228 | 437,0567 | 0263 |
| 149 | 402,8124 | 9751 | 189 | 421,9552 | 0842 | 229 | 437,4089 | 9626 |
| 150 | 403,3509 | 5413 | 190 | 422,3800 | 0605 | 230 | 437,7597 | 5483 |
| 151 | 403,8858 | 3294 | 191 | 422,8025 | 7377 | 231 | 438,1089 | 9167 |
| 152 | 404,4171 | 8117 | 192 | 423,2229 | 3485 | 232 | 438,4567 | 1992 |
| 153 | 404,9450 | 4513 | 193 | 423,6411 | 1223 | 233 | 438,8029 | 5256 |
| 154 | 405,4694 | 7020 | 194 | 424,0571 | 2848 | 234 | 439,1477 | 0240 |
| 155 | 405,9905 | 0092 | 195 | 424,4710 | 0582 | 235 | 439,4909 | 8209 |
| 156 | 406,5081 | 8093 | 196 | 424,8827 | 6613 | 236 | 439,8328 | 0410 |
| 157 | 407,0225 | 5307 | 197 | 425,2924 | 3095 | 237 | 440,1731 | 8079 |
| 158 | 407,5336 | 5932 | 198 | 425,7000 | 2152 | 238 | 440,5121 | 2430 |
| 159 | 408,0415 | 4091 | 199 | 426,1055 | 5872 | 239 | 440,8496 | 4666 |
| 160 | 408,5462 | 3827 | 200 | 426,5090 | 6315 | 240 | 441,1857 | 5973 |

| N. | LOGARITHMES. | N. | LOGARITHMES. | N. | LOGARITHMES. |
|---|---|---|---|---|---|
| 241 | 441,5204 7524 | 281 | 453,8817 1402 | 321 | 464,5950 3577 |
| 242 | 441,8538 0477 | 282 | 454,1676 7867 | 322 | 464,8454 2156 |
| 243 | 442,1857 5973 | 283 | 454,4526 3105 | 323 | 465,0950 3095 |
| 244 | 442,5163 5143 | 284 | 454,7365 7831 | 324 | 465,3438 6875 |
| 245 | 442,8455 9101 | 285 | 455,0195 2751 | 325 | 465,5919 3972 |
| 246 | 443,1734 8948 | 286 | 455,3014 8565 | 326 | 465,8392 4856 |
| 247 | 443,5000 5774 | 287 | 455,5824 5963 | 327 | 466,0857 9995 |
| 248 | 443,8253 0652 | 288 | 455,8624 5631 | 328 | 466,3315 9850 |
| 249 | 444,1492 4646 | 289 | 456,1414 8247 | 329 | 466,5766 4882 |
| 250 | 444,4718 8803 | 290 | 456,4195 4480 | 330 | 466,8209 5542 |
| 251 | 444,7932 4161 | 291 | 456,6966 4994 | 331 | 467,0645 2282 |
| 252 | 445,1133 1744 | 292 | 456,9728 0447 | 332 | 467,3073 5548 |
| 253 | 445,4321 2564 | 293 | 457,2480 1487 | 333 | 467,5494 5781 |
| 254 | 445,7496 7621 | 294 | 457,5222 8759 | 334 | 467,7908 3420 |
| 255 | 446,0659 7903 | 295 | 457,7956 2899 | 335 | 468,0314 8898 |
| 256 | 446,3810 4387 | 296 | 458,0680 4537 | 336 | 468,2714 2646 |
| 257 | 446,6948 8039 | 297 | 458,3395 4298 | 337 | 468,5106 5076 |
| 258 | 447,0074 9812 | 298 | 458,6101 2799 | 338 | 468,7491 6653 |
| 259 | 447,3189 0650 | 299 | 458,8798 0652 | 339 | 468,9869 7753 |
| 260 | 447,6291 1484 | 300 | 459,1485 8461 | 340 | 469,2240 8805 |
| 261 | 447,9381 3236 | 301 | 459,4164 6827 | 341 | 469,4605 0221 |
| 262 | 448,2459 6816 | 302 | 459,6834 6342 | 342 | 469,6962 2409 |
| 263 | 448,5526 3126 | 303 | 459,9495 7595 | 343 | 469,9312 5774 |
| 264 | 448,8581 3054 | 304 | 460,2148 1165 | 344 | 470,1656 0714 |
| 265 | 449,1624 7482 | 305 | 460,4791 7631 | 345 | 470,3992 7629 |
| 266 | 449,4656 7278 | 306 | 460,7426 7561 | 346 | 470,6322 6912 |
| 267 | 449,7677 3304 | 307 | 461,0053 1521 | 347 | 470,8645 8952 |
| 268 | 450,0686 6410 | 308 | 461,2671 0069 | 348 | 471,0962 4138 |
| 269 | 450,3684 7437 | 309 | 461,5280 3759 | 349 | 471,3272 2852 |
| 270 | 450,6671 7217 | 310 | 461,7881 3141 | 350 | 471,5575 5476 |
| 271 | 450,9647 6573 | 311 | 462,0473 8755 | 351 | 471,7872 2386 |
| 272 | 451,2612 6317 | 312 | 462,3058 1142 | 352 | 472,0162 3956 |
| 273 | 451,5566 7255 | 313 | 462,5634 0833 | 353 | 472,2446 0557 |
| 274 | 451,8510 0181 | 314 | 462,8201 8355 | 354 | 472,4723 2557 |
| 275 | 452,1442 5884 | 315 | 463,0761 4232 | 355 | 472,6994 0319 |
| 276 | 452,4364 5141 | 316 | 463,3312 8981 | 356 | 472,9258 4206 |
| 277 | 452,7275 8722 | 317 | 463,5856 3114 | 357 | 473,1516 4576 |
| 278 | 453,0176 7390 | 318 | 463,8391 7140 | 358 | 473,3768 1783 |
| 279 | 453,3067 1897 | 319 | 464,0919 1561 | 359 | 473,6013 6181 |
| 280 | 453,5947 2988 | 320 | 464,3438 6875 | 360 | 473,8252 8119 |

| N. | LOGARITHMES. | N. | LOGARITHMES. | N. | LOGARITHMES. |
|---|---|---|---|---|---|
| 361 | 474,0485 7944 | 401 | 482,5076 8991 | 441 | 490,1618 0905 |
| 362 | 474,2712 5998 | 402 | 482,7081 8556 | 442 | 490,3441 3974 |
| 363 | 474,4933 2623 | 403 | 482,9081 8309 | 443 | 490,5260 5838 |
| 364 | 474,7147 8157 | 404 | 483,1076 8497 | 444 | 490,7075 6683 |
| 365 | 474,9356 2935 | 405 | 483,3066 9363 | 445 | 490,8886 6694 |
| 366 | 475,1558 7289 | 406 | 483,5052 1153 | 446 | 491,0693 6054 |
| 367 | 475,3755 1649 | 407 | 483,7032 4106 | 447 | 491,2496 4945 |
| 368 | 475,5945 6043 | 408 | 483,9007 8463 | 448 | 491,4295 3548 |
| 369 | 475,8130 1095 | 409 | 484,0978 4462 | 449 | 491,6090 2043 |
| 370 | 476,0308 7025 | 410 | 484,2944 2339 | 450 | 491,7881 0608 |
| 371 | 476,2481 4054 | 411 | 484,4905 2327 | 451 | 491,9667 9419 |
| 372 | 476,4648 2799 | 412 | 484,6861 4662 | 452 | 492,1450 8655 |
| 373 | 476,6809 3272 | 413 | 484,8812 9572 | 453 | 492,3229 8489 |
| 374 | 476,8964 5886 | 414 | 485,0759 7287 | 454 | 492,5004 9094 |
| 375 | 477,1114 0949 | 415 | 485,2701 8036 | 455 | 492,6776 0645 |
| 376 | 477,3257 8769 | 416 | 485,4639 2044 | 456 | 492,8543 3312 |
| 377 | 477,5395 9649 | 417 | 485,6571 9536 | 457 | 493,0306 7265 |
| 378 | 477,7528 3890 | 418 | 485,8500 0734 | 458 | 493,2066 2674 |
| 379 | 477,9655 1793 | 419 | 486,0423 5861 | 459 | 493,3821 9707 |
| 380 | 478,1776 3654 | 420 | 486,2392 5134 | 460 | 493,5573 8531 |
| 381 | 478,3891 9767 | 421 | 486,4256 8773 | 461 | 493,7321 9312 |
| 382 | 478,6002 0425 | 422 | 486,6166 6995 | 462 | 493,9066 2215 |
| 383 | 478,8106 5918 | 423 | 486,8072 0013 | 463 | 494,0806 7403 |
| 384 | 479,0205 6534 | 424 | 486,9972 8042 | 464 | 494,2543 5040 |
| 385 | 479,2299 2557 | 425 | 487,1869 1293 | 465 | 494,4276 5287 |
| 386 | 479,4387 4272 | 426 | 487,3760 9977 | 466 | 494,6005 8304 |
| 387 | 479,6470 1958 | 427 | 487,5648 4304 | 467 | 494,7731 4252 |
| 388 | 479,8547 5896 | 428 | 487,7531 4480 | 468 | 494,9453 3288 |
| 389 | 480,0619 6362 | 429 | 487,9410 0711 | 469 | 495,1171 5571 |
| 390 | 480,2685 3630 | 430 | 488,1284 3202 | 470 | 495,2886 1257 |
| 391 | 480,4747 7973 | 431 | 488,3154 2157 | 471 | 495,4597 0501 |
| 392 | 480,6803 9661 | 432 | 488,5019 7777 | 472 | 495,6304 3459 |
| 393 | 480,8854 8962 | 433 | 488,6881 0263 | 473 | 495,8008 0283 |
| 394 | 481,0900 6144 | 434 | 488,8737 9814 | 474 | 495,9708 1127 |
| 395 | 481,2941 1469 | 435 | 489,0590 6626 | 475 | 496,1404 6142 |
| 396 | 481,4976 5200 | 436 | 489,2439 0897 | 476 | 496,3097 5478 |
| 397 | 481,7006 7598 | 437 | 489,4283 2822 | 477 | 496,4786 9286 |
| 398 | 481,9031 8921 | 438 | 489,6123 2593 | 478 | 496,6472 7714 |
| 399 | 482,1051 9424 | 439 | 489,7959 0403 | 479 | 496,8155 0910 |
| 400 | 482,3066 9363 | 440 | 489,9790 6444 | 480 | 496,9833 9022 |

| N. | LOGARITHMES. | | N. | LOGARITHMES. | | N. | LOGARITHMES. | |
|---|---|---|---|---|---|---|---|---|
| 481 | 497,1509 | 2194 | 521 | 503,5814 | 0236 | 561 | 509,5359 | 8032 |
| 482 | 497,3181 | 0573 | 522 | 503,7357 | 6284 | 562 | 509,6793 | 4450 |
| 483 | 497,4849 | 4302 | 523 | 503,8898 | 2789 | 563 | 509,8224 | 5381 |
| 484 | 497,6514 | 3525 | 524 | 504,0435 | 9865 | 564 | 509,9653 | 0915 |
| 485 | 497,8175 | 8384 | 525 | 504,1970 | 7622 | 565 | 510,1079 | 1143 |
| 486 | 497,9833 | 9022 | 526 | 504,3502 | 6174 | 566 | 510,2502 | 6154 |
| 487 | 498,1488 | 5577 | 527 | 504,5031 | 5631 | 567 | 510,3923 | 6036 |
| 488 | 498,3139 | 8191 | 528 | 504,6557 | 6102 | 568 | 510,5342 | 0880 |
| 489 | 498,4787 | 7002 | 529 | 504,8080 | 7699 | 569 | 510,6758 | 0772 |
| 490 | 498,6432 | 2149 | 530 | 504,9601 | 0530 | 570 | 510,8171 | 5800 |
| 491 | 498,8073 | 3768 | 531 | 505,1118 | 4703 | 571 | 510,9582 | 6051 |
| 492 | 498,9711 | 1997 | 532 | 505,2633 | 0326 | 572 | 511,0991 | 1613 |
| 493 | 499,1345 | 6970 | 533 | 505,4144 | 7507 | 573 | 511,2397 | 2571 |
| 494 | 499,2976 | 8822 | 534 | 505,5653 | 6352 | 574 | 511,3800 | 9012 |
| 495 | 499,4604 | 7688 | 535 | 505,7159 | 6968 | 575 | 511,5202 | 1019 |
| 496 | 499,6229 | 3701 | 536 | 505,8662 | 9458 | 576 | 511,6600 | 8680 |
| 497 | 499,7850 | 6992 | 537 | 506,0163 | 3930 | 577 | 511,7997 | 2077 |
| 498 | 499,9468 | 7694 | 538 | 506,1651 | 0486 | 578 | 511,9391 | 1295 |
| 499 | 500,1083 | 5937 | 539 | 506,3155 | 9230 | 579 | 512,0782 | 6418 |
| 500 | 500,2695 | 1852 | 540 | 506,4648 | 0266 | 580 | 512,2171 | 7528 |
| 501 | 500,4303 | 5566 | 541 | 506,6137 | 3695 | 581 | 512,3558 | 4709 |
| 502 | 500,5908 | 7209 | 542 | 506,7623 | 9621 | 582 | 512,4942 | 8043 |
| 503 | 500,7510 | 6909 | 543 | 506,9107 | 8144 | 583 | 512,6324 | 7611 |
| 504 | 500,9109 | 4792 | 544 | 507,0588 | 9365 | 584 | 512,7704 | 3495 |
| 505 | 501,0701 | 0985 | 545 | 507,2067 | 3385 | 585 | 512,9081 | 5776 |
| 506 | 501,2297 | 5612 | 546 | 507,3543 | 0303 | 586 | 513,0456 | 4535 |
| 507 | 501,3886 | 8799 | 547 | 507,5016 | 0218 | 587 | 513,1828 | 9852 |
| 508 | 501,5453 | 0669 | 548 | 507,6486 | 3230 | 588 | 513,3199 | 1807 |
| 509 | 501,7056 | 1346 | 549 | 507,7953 | 9435 | 589 | 513,4567 | 0479 |
| 510 | 501,8636 | 0951 | 550 | 507,9418 | 8932 | 590 | 513,5932 | 5947 |
| 511 | 502,0212 | 9608 | 551 | 508,0881 | 1818 | 591 | 513,7295 | 8290 |
| 512 | 502,1786 | 7436 | 552 | 508,2340 | 8189 | 592 | 513,8656 | 7586 |
| 513 | 502,3357 | 4556 | 553 | 508,3797 | 8142 | 593 | 514,0015 | 3912 |
| 514 | 502,4925 | 1087 | 554 | 508,5252 | 1771 | 594 | 514,1371 | 7346 |
| 515 | 502,6489 | 7150 | 555 | 508,6703 | 9171 | 595 | 514,2725 | 7966 |
| 516 | 502,8051 | 2861 | 556 | 508,8153 | 0438 | 596 | 514,4077 | 5848 |
| 517 | 502,9609 | 8338 | 557 | 508,9599 | 5665 | 597 | 514,5427 | 1067 |
| 518 | 503,1165 | 3698 | 558 | 509,1043 | 4945 | 598 | 514,6774 | 3700 |
| 519 | 503,2717 | 9058 | 559 | 509,2484 | 8371 | 599 | 514,8119 | 3823 |
| 520 | 503,4267 | 4532 | 560 | 509,3923 | 6036 | 600 | 514,9462 | 1510 |

| N. | LOGARITHMES. | | N. | LOGARITHMES. | | N. | LOGARITHMES. | |
|---|---|---|---|---|---|---|---|---|
| 601 | 515,0802 | 6836 | 641 | 520,2671 | 8071 | 681 | 525,1400 | 1241 |
| 602 | 515,2140 | 9875 | 642 | 520,3926 | 6626 | 682 | 525,2581 | 3270 |
| 603 | 515,3477 | 0703 | 643 | 520,5179 | 5650 | 683 | 525,3760 | 7992 |
| 604 | 515,4810 | 9391 | 644 | 520,6430 | 5204 | 684 | 525,4938 | 5458 |
| 605 | 515,6142 | 6013 | 645 | 520,7679 | 5349 | 685 | 525,6114 | 5718 |
| 606 | 515,7472 | 0643 | 646 | 520,8926 | 6144 | 686 | 525,7288 | 8822 |
| 607 | 515,8799 | 3352 | 647 | 521,0171 | 7649 | 687 | 525,8461 | 4820 |
| 608 | 516,0124 | 4214 | 648 | 521,1414 | 9924 | 688 | 525,9632 | 3763 |
| 609 | 516,1447 | 3299 | 649 | 521,2656 | 3028 | 689 | 526,0801 | 5699 |
| 610 | 516,2768 | 0679 | 650 | 521,3895 | 7020 | 690 | 526,1969 | 0678 |
| 611 | 516,4086 | 6426 | 651 | 521,5133 | 1960 | 691 | 526,3134 | 8748 |
| 612 | 516,5403 | 0609 | 652 | 521,6368 | 7905 | 692 | 526,4298 | 9960 |
| 613 | 516,6717 | 4054 | 653 | 521,7602 | 4913 | 693 | 526,5461 | 4361 |
| 614 | 516,8029 | 4569 | 654 | 521,8834 | 3043 | 694 | 526,6622 | 2001 |
| 615 | 516,9339 | 4485 | 655 | 522,0064 | 2353 | 695 | 526,7781 | 2926 |
| 616 | 517,0647 | 3117 | 656 | 522,1292 | 2899 | 696 | 526,8938 | 7186 |
| 617 | 517,1953 | 0535 | 657 | 522,2518 | 4739 | 697 | 527,0094 | 4829 |
| 618 | 517,3256 | 6808 | 658 | 522,3742 | 7930 | 698 | 527,1248 | 5901 |
| 619 | 517,4558 | 2003 | 659 | 522,4965 | 2528 | 699 | 527,2401 | 0450 |
| 620 | 517,5857 | 6189 | 660 | 522,6185 | 8590 | 700 | 527.3551 | 8525 |
| 621 | 517,7154 | 9434 | 661 | 522,7404 | 6173 | 701 | 527,4701 | 0170 |
| 622 | 517,8450 | 1804 | 662 | 522,8621 | 5331 | 702 | 527,5848 | 5434 |
| 623 | 517,9743 | 3367 | 663 | 522,9836 | 6120 | 703 | 527,6994 | 4364 |
| 624 | 518,1034 | 4190 | 664 | 523,1049 | 8596 | 704 | 527,8138 | 7005 |
| 625 | 518,2323 | 4340 | 665 | 523,2261 | 2815 | 705 | 527,9281 | 3403 |
| 626 | 518,3610 | 3881 | 666 | 523,3470 | 8830 | 706 | 528,0422 | 3606 |
| 627 | 518,4895 | 2881 | 667 | 523,4678 | 6696 | 707 | 528,1561 | 7658 |
| 628 | 518,6178 | 1404 | 668 | 523,5884 | 6468 | 708 | 528,2699 | 5605 |
| 629 | 518,7458 | 9515 | 669 | 523,7088 | 8200 | 709 | 528,3835 | 7493 |
| 630 | 518,8737 | 7280 | 670 | 523,8291 | 1947 | 710 | 528,4970 | 3368 |
| 631 | 519,0014 | 4764 | 671 | 523.9491 | 7760 | 711 | 528,6103 | 3273 |
| 632 | 519,1289 | 2029 | 672 | 524,0690 | 5695 | 712 | 528,7234 | 7255 |
| 633 | 519,2561 | 9141 | 673 | 524,1887 | 5803 | 713 | 528,8364 | 5357 |
| 634 | 519,3832 | 6163 | 674 | 524,3082 | 8124 | 714 | 528,9492 | 7624 |
| 635 | 519,5101 | 3157 | 675 | 524,4276 | 2754 | 715 | 529,0619 | 4101 |
| 636 | 519,6368 | 0187 | 676 | 524,5467 | 9701 | 716 | 529,1744 | 4832 |
| 637 | 519,7632 | 7318 | 677 | 524,6657 | 9033 | 717 | 529,2867 | 9860 |
| 638 | 519,8895 | 4609 | 678 | 524,7846 | 0801 | 718 | 529,3989 | 9230 |
| 639 | 520,0156 | 2124 | 679 | 524,9032 | 5057 | 719 | 529,5110 | 2985 |
| 640 | 520,1414 | 9924 | 680 | 525,0217 | 1853 | 720 | 529,6229 | 1168 |

| N. | LOGARITHMES. | | N. | LOGARITHMES. | | N. | LOGARITHMES. | |
|---|---|---|---|---|---|---|---|---|
| 721 | 529,7346 | 3823 | 761 | 534,0811 | 1709 | 801 | 538,2048 | 8499 |
| 722 | 529,8462 | 0992 | 762 | 534,1868 | 2815 | 802 | 538,3053 | 2039 |
| 723 | 529,9576 | 2719 | 763 | 534,2924 | 0058 | 803 | 538,4066 | 3064 |
| 724 | 530,0688 | 9046 | 764 | 534,3978 | 3473 | 804 | 538,5058 | 1605 |
| 725 | 530,1800 | 0016 | 765 | 534.5031 | 3098 | 805 | 338,6058 | 7692 |
| 726 | 530,2909 | 5671 | 766 | 534,6082 | 8966 | 806 | 538,7058 | 1358 |
| 727 | 530,4017 | 6054 | 767 | 534,7133 | 1116 | 807 | 538,8056 | 2632 |
| 728 | 530,5124 | 1205 | 768 | 534,8181 | 9582 | 808 | 538,9053 | 1545 |
| 729 | 530,6229 | 1168 | 769 | 534,9229 | 4400 | 809 | 539,0048 | 8128 |
| 730 | 530,7332 | 5983 | 770 | 535,0275 | 5605 | 810 | 539,1043 | 2412 |
| 731 | 530,8434 | 5692 | 771 | 535,1320 | 3134 | 811 | 539,2036 | 4426 |
| 732 | 530,9535 | 0337 | 772 | 535,2363 | 7320 | 812 | 539,3028 | 4201 |
| 733 | 531,0633 | 9959 | 773 | 535,3405 | 7899 | 813 | 539,4019 | 1767 |
| 734 | 531,1731 | 4698 | 774 | 535,4446 | 5007 | 814 | 539,5008 | 7155 |
| 735 | 531,2827 | 4295 | 775 | 535,5485 | 8677 | 815 | 539,5997 | 0393 |
| 736 | 531,3921 | 9093 | 776 | 535,6523 | 8945 | 816 | 539,6984 | 1512 |
| 737 | 531,5014 | 9027 | 777 | 535,7560 | 5844 | 817 | 539,7970 | 0541 |
| 738 | 531,6106 | 4143 | 778 | 535,8595 | 9410 | 818 | 539.8954 | 7510 |
| 739 | 531,7196 | 4478 | 779 | 535,9629 | 9677 | 819 | 539,9938 | 2449 |
| 740 | 531,8285 | 0074 | 780 | 536,0662 | 6678 | 820 | 540,0920 | 5387 |
| 741 | 531,9372 | 0969 | 781 | 536,1694 | 0449 | 821 | 540,1901 | 6352 |
| 742 | 532,0457 | 7203 | 782 | 536,2724 | 1021 | 822 | 540,2881 | 5376 |
| 743 | 532,1541 | 8816 | 783 | 536,3752 | 8430 | 823 | 540,3860 | 2481 |
| 744 | 532,2624 | 5847 | 784 | 536,4780 | 2709 | 824 | 540,4837 | 7710 |
| 745 | 532,3705 | 8335 | 785 | 536,5806 | 3892 | 825 | 540,5814 | 1079 |
| 746 | 532,4785 | 6320 | 786 | 536,6831 | 2011 | 826 | 540,6789 | 2620 |
| 747 | 532,5863 | 9840 | 787 | 536,7854 | 7100 | 827 | 540,7763 | 2363 |
| 748 | 532,6940 | 8934 | 788 | 536,8876 | 9192 | 828 | 540,8736 | 0336 |
| 749 | 532,8016 | 3641 | 789 | 536,9897 | 8320 | 829 | 540,9707 | 6567 |
| 750 | 532,9090 | 3998 | 790 | 537,0917 | 4517 | 830 | 541,0678 | 1084 |
| 751 | 533,0163 | 1095 | 791 | 537,1935 | 7816 | 831 | 541,1647 | 3917 |
| 752 | 533,1234 | 1817 | 792 | 537,2952 | 8249 | 832 | 541,2615 | 5093 |
| 753 | 533,2303 | 9356 | 793 | 537,3968 | 5848 | 833 | 541,3582 | 4639 |
| 754 | 533,3372 | 2697 | 794 | 537,4983 | 0646 | 834 | 541,4548 | 2584 |
| 755 | 533,4439 | 1879 | 795 | 537,5996 | 2676 | 835 | 541,5512 | 8956 |
| 756 | 533,5504 | 6939 | 796 | 537,7008 | 1969 | 836 | 541,6476 | 3783 |
| 757 | 533,6538 | 7914 | 797 | 537,8018 | 8557 | 837 | 541,7438 | 7091 |
| 758 | 533,7631 | 4841 | 798 | 537,9028 | 2473 | 838 | 541,8399 | 8909 |
| 759 | 533,8692 | 7758 | 799 | 538,0036 | 3747 | 839 | 541,9359 | 9264 |
| 760 | 533,9752 | 6702 | 800 | 538,1043 | 2412 | 840 | 542,0318 | 8183 |

| N. | LOGARITHMES. | N. | LOGARITHMES. | N. | LOGARITHMES. |
|---|---|---|---|---|---|
| 841 | 542,1276 5693 | 881 | 545,8681 1909 | 921 | 549,4424 6715 |
| 842 | 542,2233 1829 | 882 | 545,9594 3953 | 922 | 549,5298 2361 |
| 843 | 542,3188 6596 | 883 | 546,0506 5650 | 923 | 549,6170 8537 |
| 844 | 542,4143 0043 | 884 | 546,1417 7022 | 924 | 549,7042 5263 |
| 845 | 542,5196 2189 | 885 | 546,2327 8093 | 925 | 549,7913 2562 |
| 846 | 542,6048 3061 | 886 | 546,3236 8886 | 926 | 549,8783 0452 |
| 847 | 542,6999 2686 | 887 | 546,4144 9425 | 927 | 549,9651 8954 |
| 848 | 542,7949 1090 | 888 | 546,5051 9732 | 928 | 550,0519 8088 |
| 849 | 542,8897 8300 | 889 | 546,5957 9830 | 929 | 550,1386 7576 |
| 850 | 542,9845 4342 | 890 | 546,6862 9743 | 930 | 550,2252 8335 |
| 851 | 543,0791 9241 | 891 | 546,7766 9493 | 931 | 550,3117 9488 |
| 852 | 543,1737 3026 | 892 | 546,8669 9103 | 932 | 550,3982 1353 |
| 853 | 543,2681 5721 | 893 | 546,9571 8596 | 933 | 550,4845 3950 |
| 854 | 543,3624 7352 | 894 | 547,0472 7994 | 934 | 550,5707 7300 |
| 855 | 543,4566 7946 | 895 | 547,1372 7320 | 935 | 550,6569 1422 |
| 856 | 543,5507 7528 | 896 | 547,2271 6597 | 936 | 550,7429 6337 |
| 857 | 543,6447 6124 | 897 | 547,3169 5846 | 937 | 550,8289 2062 |
| 858 | 543,7386 3759 | 898 | 547,4066 5091 | 938 | 550,9147 8620 |
| 859 | 543,8324 0460 | 899 | 547,4962 4354 | 939 | 551,0005 6027 |
| 860 | 543,9260 6251 | 900 | 547,5857 3658 | 940 | 551,0862 4305 |
| 861 | 544,0196 4158 | 901 | 547,6751 3020 | 941 | 551,1718 3473 |
| 862 | 544,1130 5206 | 902 | 547,7644 2468 | 942 | 551,2573 3550 |
| 863 | 544,2063 8420 | 903 | 547,8536 1022 | 943 | 551,3427 4555 |
| 864 | 544,2996 0826 | 904 | 547,9427 1703 | 944 | 551,4280 6507 |
| 865 | 544,3927 2448 | 905 | 548,0317 1534 | 945 | 551,5132 9427 |
| 866 | 544,4857 3312 | 906 | 548,1206 1537 | 946 | 551,5984 3332 |
| 867 | 544,5786 3441 | 907 | 548,2094 1732 | 947 | 551,6834 8242 |
| 868 | 544,6714 2862 | 908 | 548,2981 2143 | 948 | 551,7684 4175 |
| 869 | 544,7641 1598 | 909 | 548,3867 2789 | 949 | 551,8533 1152 |
| 870 | 544,8566 9674 | 910 | 548,4752 3693 | 950 | 551,9380 9190 |
| 871 | 544,9491 7115 | 911 | 548,5636 4876 | 951 | 552,0227 8308 |
| 872 | 545,0415 3945 | 912 | 548,6519 6360 | 952 | 552,1073 8526 |
| 873 | 545,1338 0189 | 913 | 548,7401 8165 | 953 | 552,1918 9862 |
| 874 | 545,2259 5870 | 914 | 548,8283 0313 | 954 | 552,2763 2334 |
| 875 | 545,3180 1013 | 915 | 548,9163 2826 | 955 | 552,3606 5961 |
| 876 | 545,4099 5641 | 916 | 549,0042 5723 | 956 | 552,4449 0762 |
| 877 | 545,5017 9780 | 917 | 549,0920 9026 | 957 | 552,5290 6755 |
| 878 | 545,5935 3452 | 918 | 549,1798 2756 | 958 | 552,6131 3959 |
| 879 | 545,6851 6681 | 919 | 549,2674 6933 | 959 | 552,6971 2391 |
| 880 | 545,7766 9493 | 920 | 549,3550 1580 | 960 | 552,7810 2070 |

| N. | LOGARITHMES. | N. | LOGARITHMES. | N. | LOGARITHMES. |
|---|---|---|---|---|---|
| 961 | 552,8648 3014 | 1001 | 556,1476 0774 | 1041 | 559,3017 4147 |
| 962 | 552,9485 5243 | 1002 | 556,2279 8615 | 1042 | 559,3790 3285 |
| 963 | 553,0321 8772 | 1003 | 556,3082 8437 | 1043 | 559,4562 5009 |
| 964 | 553,1157 3621 | 1004 | 556,3885 0258 | 1044 | 559,5333 9333 |
| 965 | 553,1991 9808 | 1005 | 556,4686 4093 | 1045 | 559,6104 6271 |
| 966 | 553,2825 7350 | 1006 | 556,5486 9958 | 1046 | 559,6874 5838 |
| 967 | 553,3658 6266 | 1007 | 556,6286 7868 | 1047 | 559,7643 8047 |
| 968 | 553,4490 6574 | 1008 | 556,7085 7841 | 1048 | 559,8412 2913 |
| 969 | 553,5321 8290 | 1009 | 556,7883 9890 | 1049 | 559,9180 0450 |
| 970 | 553,6152 1433 | 1010 | 556,8681 4033 | 1050 | 559,9947 0671 |
| 971 | 553,6981 6020 | 1011 | 556,9478 0270 | 1051 | 560,0713 3590 |
| 972 | 553,7810 2070 | 1012 | 557,0273 8661 | 1052 | 560,1478 9222 |
| 973 | 553,8637 9599 | 1013 | 557,1068 9176 | 1053 | 560,2243 7581 |
| 974 | 553,9464 8625 | 1014 | 557,1863 1847 | 1054 | 560,3007 8679 |
| 975 | 554,0290 9167 | 1015 | 557,2656 6689 | 1055 | 560,3771 2531 |
| 976 | 554,1116 1240 | 1016 | 557,3449 3717 | 1056 | 560,4532 9151 |
| 977 | 554,1940 4862 | 1017 | 557,4241 2947 | 1057 | 560,5295 8552 |
| 978 | 554,2764 0051 | 1018 | 557,5032 4394 | 1058 | 560,6057 0748 |
| 979 | 554,3586 6824 | 1019 | 557,5822 8073 | 1059 | 560,6817 5752 |
| 980 | 554,4408 5197 | 1020 | 557,6612 4000 | 1060 | 560,7577 3578 |
| 981 | 554,5229 5189 | 1021 | 557,7401 2189 | 1061 | 560,8336 4240 |
| 982 | 554,6049 6817 | 1022 | 557,8189 2656 | 1062 | 560,9094 7751 |
| 983 | 554,6869 0096 | 1023 | 557,8976 5416 | 1063 | 560,9852 4125 |
| 984 | 554,7687 5045 | 1024 | 557,9763 0484 | 1064 | 561,0609 3375 |
| 985 | 554,8505 1680 | 1025 | 558,0548 7875 | 1065 | 561,1365 5514 |
| 986 | 554,9322 0018 | 1026 | 558,1333 7604 | 1066 | 561,2121 0556 |
| 987 | 555,0138 0076 | 1027 | 558,2117 9686 | 1067 | 561,2875 8514 |
| 988 | 555,0953 1871 | 1028 | 558,2901 4136 | 1068 | 561,3629 9311 |
| 989 | 555,1767 5419 | 1029 | 558,3684 0968 | 1069 | 561,4383 3231 |
| 990 | 555,2581 0737 | 1030 | 558,4466 0198 | 1070 | 561,5136 0016 |
| 991 | 555,3393 7841 | 1031 | 558,5247 1840 | 1071 | 561,5887 9771 |
| 992 | 555,4205 6749 | 1032 | 558,6027 5909 | 1072 | 561,6639 2507 |
| 993 | 555,5016 7477 | 1033 | 558,6807 2419 | 1073 | 561,7389 8238 |
| 994 | 555,5827 0041 | 1034 | 558,7586 1386 | 1074 | 561,8139 6978 |
| 995 | 555,6636 4457 | 1035 | 558,8364 2824 | 1075 | 561,8888 8739 |
| 996 | 555,7445 0743 | 1036 | 558,9141 6746 | 1076 | 561,9637 3534 |
| 997 | 555,8252 8913 | 1037 | 558,9918 3169 | 1077 | 562,0385 1376 |
| 998 | 555,9059 8986 | 1038 | 559,0694 2106 | 1078 | 562,1132 2278 |
| 999 | 555,9866 0976 | 1039 | 559,1469 3572 | 1079 | 562,1878 6253 |
| 1000 | 556,0671 4900 | 1040 | 559,2243 7581 | 1080 | 562,2624 3314 |

| N. | LOGARITHMES. | N. | LOGARITHMES. | N. | LOGARITHMES. |
|---|---|---|---|---|---|
| 1081 | 562,3369 3473 | 1121 | 565,2618 3286 | 1161 | 568,0841 7153 |
| 1082 | 562,4113 6744 | 1122 | 565,3336 1081 | 1162 | 568,1534 7757 |
| 1083 | 562,4857 3138 | 1123 | 565,4053 2481 | 1163 | 568,2227 2400 |
| 1084 | 562,5600 2669 | 1124 | 565,4769 7498 | 1164 | 568,2919 1091 |
| 1085 | 562,6342 5350 | 1125 | 565,5485 6144 | 1165 | 568,3610 3841 |
| 1086 | 562,7084 1193 | 1126 | 565,6200 8429 | 1166 | 568,4301 0659 |
| 1087 | 562,7825 0210 | 1127 | 565,6915 4365 | 1167 | 568,4991 1557 |
| 1088 | 562,8565 2414 | 1128 | 565,7629 3964 | 1168 | 568,5680 6543 |
| 1089 | 562,9304 7818 | 1129 | 565,8342 7235 | 1169 | 568,6369 5629 |
| 1090 | 563,0043 6433 | 1130 | 565,9055 4191 | 1170 | 568,7057 8825 |
| 1091 | 563,0781 8274 | 1131 | 565,9767 4843 | 1171 | 568,7745 6139 |
| 1092 | 563,1519 3351 | 1132 | 566,0478 9202 | 1172 | 568,8432 7583 |
| 1093 | 563,2256 1678 | 1133 | 566,1189 7279 | 1173 | 568,9119 3168 |
| 1094 | 563,2992 3267 | 1134 | 566,1899 9085 | 1174 | 568,9805 2901 |
| 1095 | 563,3727 8129 | 1135 | 566,2609 4631 | 1175 | 569,0490 6794 |
| 1096 | 563,4462 6278 | 1136 | 566,3318 3928 | 1176 | 569,1175 4856 |
| 1097 | 563,5196 7725 | 1137 | 566,4026 6987 | 1177 | 569,1859 7097 |
| 1098 | 563,5930 2484 | 1138 | 566,4734 3820 | 1178 | 569,2543 3517 |
| 1099 | 563,6663 0565 | 1139 | 566,5441 4437 | 1179 | 569,3226 4157 |
| 1100 | 563,7395 1981 | 1140 | 566,6147 8848 | 1180 | 569,3908 8996 |
| 1101 | 563,8126 6844 | 1141 | 566,6853 7066 | 1181 | 569,4590 8053 |
| 1102 | 563,8857 4867 | 1142 | 566,7558 9100 | 1182 | 569,5272 1338 |
| 1103 | 563,9587 6361 | 1143 | 566,8263 4961 | 1183 | 569,5952 8862 |
| 1104 | 564,0317 1238 | 1144 | 566,8967 4662 | 1184 | 569,6633 0634 |
| 1105 | 564,1045 9510 | 1145 | 566,9670 8211 | 1185 | 569,7312 6663 |
| 1106 | 564,1774 1190 | 1146 | 567,0373 5620 | 1186 | 569,7991 6960 |
| 1107 | 564,2501 6289 | 1147 | 567,1075 6899 | 1187 | 569,8670 1534 |
| 1108 | 564,3228 4819 | 1148 | 567,1777 2060 | 1188 | 569,9348 0395 |
| 1109 | 564,3954 6792 | 1149 | 567,2478 1113 | 1189 | 570,0025 3752 |
| 1110 | 564,4680 2220 | 1150 | 567,3178 4068 | 1190 | 570,0702 1014 |
| 1111 | 564,5405 1114 | 1151 | 567,3878 0936 | 1191 | 570,1378 2793 |
| 1112 | 564,6129 3487 | 1152 | 567,4577 1728 | 1192 | 570,2053 8896 |
| 1113 | 564,6852 9349 | 1153 | 567,5275 6454 | 1193 | 570,2728 9334 |
| 1114 | 564,7575 8713 | 1154 | 567,5973 5125 | 1194 | 570,3403 4115 |
| 1115 | 564,8298 1591 | 1155 | 567,6670 7752 | 1195 | 570,4077 3250 |
| 1116 | 564,9019 7993 | 1156 | 567,7367 4344 | 1196 | 570,4750 6749 |
| 1117 | 564,9740 7932 | 1157 | 567,8063 4912 | 1197 | 570,5423 4619 |
| 1118 | 565,0461 1420 | 1158 | 567,8758 9466 | 1198 | 570,6095 6871 |
| 1119 | 565,1180 8467 | 1159 | 567,9453 8018 | 1199 | 570,6767 3514 |
| 1120 | 565,1899 9085 | 1160 | 568,0148 0577 | 1200 | 570,7438 4558 |

www.ingramcontent.com/pod-product-compliance
Ingram Content Group UK Ltd.
Pitfield, Milton Keynes, MK11 3LW, UK
UKHW020950140726
13695UKWH00003B/1332